图解现场施工实施系列

图解园林工程现场施工

土木在线　组编

机 械 工 业 出 版 社

本书由全国著名的建筑专业施工网站——土木在线组织编写，精选大量的施工现场实例，涵盖了园林工程现场施工各个方面。书中内容具体、全面，图片清晰，图面布局合理，具有很强的实用性与参考性。

本书可供广大建筑行业的工程技术人员参考使用。

图书在版编目（CIP）数据

图解园林工程现场施工/土木在线组编. —北京：机械工业出版社，2013.12（2024.6重印）
（图解现场施工实施系列）
ISBN 978-7-111-45706-0

Ⅰ.①图…　Ⅱ.①土…　Ⅲ.①园林-工程施工-图解
Ⅳ.①TU986.3-64

中国版本图书馆CIP数据核字（2014）第023541号

机械工业出版社（北京市百万庄大街22号　邮政编码100037）
策划编辑：张大勇　责任编辑：张大勇　范秋涛
版式设计：赵颖喆　责任校对：张玉琴
封面设计：张　静　责任印制：单爱军
唐山三艺印务有限公司印刷
2024年6月第1版第15次印刷
184mm×260mm · 9.5印张 · 228千字
标准书号：ISBN 978-7-111-45706-0
定价：23.80元

凡购本书，如有缺页、倒页、脱页，由本社发行部调换

电话服务	网络服务
服务咨询热线：010-88361066	机工官网：www.cmpbook.com
读者购书热线：010-68326294	机工官博：weibo.com/cmp1952
010-88379203	金书网：www.golden-book.com
封底无防伪标均为盗版	教育服务网：www.cmpedu.com

前　言

随着我国经济的不断发展，我国建筑业发展迅速，如今建筑业已成为我国国民经济五大支柱产业之一。在近几年的发展过程中，由于人们对建筑物外观质量、内在要求的不断提高和现代法规的不断完善，建筑业也由原有的生产组织方式改变为专业化的工程项目管理方式。因此对建筑劳务人员职业技能提出了更高的要求。

本套“图解现场施工实施系列”丛书从施工现场出发，以工程现场细节做法为基本内容，并对大部分细节做法都配有现场施工图片，以期能为建筑从业人员，特别是广大施工人员的工作带来一些便利。

本套丛书共分为5册，分别是《图解建筑工程现场施工》《图解钢结构工程现场施工》《图解水、暖、电工程现场施工》《图解园林工程现场施工》《图解安全文明现场施工》。

本套丛书最大的特点就在于，舍弃了大量枯燥而乏味的文字介绍，内容主线以现场施工实际工作为主，并给予相应的规范文字解答，以图文结合的形式来体现建筑工程施工中的各种细节做法，增强图书内容的可读性。

本书在编写过程中，汇集了一线施工人员在各种工程中的不同细部做法经验总结，也学习和参考了有关书籍和资料，在此一并表示衷心感谢。由于编者水平有限，书中难免会有缺陷和错误，敬请读者多加批评和指正。

参与本书编写的人员有：邓毅丰、唐晓青、张季东、杨晓超、黄肖、王永超、刘爱华、王云龙、王华侨、梁越、王文峰、李保华、王志伟、唐文杰、郑元华、马元、张丽婷、周岩、朱燕青。

目　录

第一章　园林基础设施工程建设施工

第一节　土 方 工 程

一、清理场地

1. 实际案例展示

2. 施工要点

在施工场地范围内，凡有碍工程的开展或影响工程稳定的地面物或地下物都应该清理，例如不需要保留的树木、废旧建筑物或地下构筑物等。

1）伐除树木，凡土方开挖深度不大于50cm，或填方高度较小的土方施工，现场及排水沟中的树木必须连根拔除，清理树墩除用人工挖掘外，直径在50cm以上的大树墩可用推土机铲除或用爆破法清除。关于树木的伐除，特别是大树应慎之又慎，凡能保留者尽量设法保留。因为老树大树，特别难得。

2）建筑物和地下构筑物的拆除，应根据其结构特点进行工作，并遵照《建筑施工安全技术统一规范》（GB 50870—2013）的规定进行操作。

3）如果施工场地内的地面地下或水下发现有管线通过或其他异常物体时，应事先请有关部门协同查清，未查清前，不可动工，以免发生危险或造成其他损失。

二、排水

1. 实际案例展示

2. 施工要点

场地积水不仅不便于施工，而且也影响工程质量，在施工之前，应该设法将施工场地范围内的积水或过高的地下水排走。

（1）排除地面积水　在施工之前，根据施工区地形特点在场地周围挖好排水沟（在山地施工为防山洪，在山坡上方应做截洪沟）。使场地内排水通畅，而且场外的水也不致流入。

在低洼处或挖湖施工时，除挖好排水沟外，必要时还应加筑围堰或设水堤。为了排水通畅，排水沟底纵坡坡度不应小于2%，沟的边坡坡度值1:1.5，沟底宽及沟深不小于50cm。

（2）地下水的排除　排除地下水方法很多，但一般多采用明沟，引至集水井，并用水泵排出；因为明沟较简单经济。一般按排水面积和地下水位的高低来安排排水系统，先定出主干渠和集水井的位置，再定支渠的位置和数目，土壤含水量大的、要求排水迅速的，支渠分布应密些，其间距约1.5m，反之可疏些。在挖湖施工中应先挖排水沟，排水沟的深度应深于水体挖深。沟可一次挖掘到底，也可以依施工情况分层下挖，采用哪种方式可根据出土方向决定。

三、定点放线

1. 实际案例展示

2. 施工要点

在清场之后，为了确定施工范围及挖土或填土的标高，应按设计图样的要求，用测量仪器在施工现场进行定点放线工作，这一步工作很重要，为使施工充分表达设计意图，测设时应尽量精确。

（1）平整场地的放线　用经纬仪将图样上的方格测设到地面上，并在每个交点处立桩木，边界上的桩木依图样要求设置。

桩木的规格及标记方法：侧面平滑，下端削尖，以便打入土中，桩上应表示出桩号（施工图上方格网的编号）和施工标高（挖土用“+”号，填土用“-”号）。

（2）自然地形的放线　挖湖堆山，首先确定堆山或挖湖的边界线，但这样的自然地形放到地面上去是较难的；特别是在缺乏永久性地面物的空旷地上，在这种情况下应先在施工图上画方格网，再把方格网放大到地面上，而后把设计地形等高线和方格网的交点一一标到地面上并打桩，桩木上也要标明桩号及施工标高。堆山时由于土层不断升高，桩木可能被土埋没，所以桩的长度应大于每层填土的高度，土山不高于5m的，可用长竹竿做标高桩，在桩上把每层的标高定好，不同层可用不同颜色标志，以便识别。另一种方法是分层放线、分层设置标高桩。这种方法适用于较高的山体。

挖湖工程的放线工作和山体的放线基本相同，但由于水体挖深一般较一致，而且池底常年隐没在水下，放线可以粗放些，但水体底部应尽可能整平，不留土墩，这对养鱼捕鱼有利。岸线和岸坡的定点放线应该准确，这不仅因为它是水上部分，有关造景，而且和水体岸坡的稳定有很大关系。为了精确施工，可以用边坡样板来控制边坡坡度。

开挖沟槽时，用打桩放线的方法，在施工中桩木容易被移动甚至被破坏，从而影响了校核工作。所以，应使用龙门板。龙门板的构造简单，使用也很方便。每隔30~50m设龙门板一块，其间距视沟渠纵坡的变化情况而定。板上应标明沟渠中心线位置，沟上口、沟底的宽度等。板上还要设坡度板，用坡度板来控制沟渠纵坡。

四、人工土方挖掘

1. 实际案例展示

2. 施工要点

人力施工时，施工工具主要是锹、镐、钢钎等。人力施工不但要组织好劳动力，而且要注意安全和保证工程质量。

1）施工者要有足够的工作面，一般平均每人应有 4 ~ 6m^2。

2）开挖土方附近不得有重物及易塌落物。

3）在挖土过程中，随时注意观察土质情况，要有合理的边坡。必须垂直下挖，松软土不得超过 0.7m，中等密度土不超过 1.25m，坚硬土不超过 2m，超过以上数值的需设支撑板或保留符合规定的边坡。

4）挖方工人不得在土壁下向里挖土，以防坍塌。

5）在坡上或坡顶施工者，要注意坡下情况，不得向坡下滚落重物。

6）施工过程中注意保护基桩、龙门板或标高桩。

五、机械土方挖掘

1. 实际案例展示

2. 施工要点

主要施工机械有推土机、挖掘机等。在园林施工中推土机应用较广泛。例如，在挖掘水体时，以推土机推挖，将土推至水体四周，再行运走或堆置地形，最后岸坡用人工修整。用推土机挖湖堆山，效率较高，但应注意以下几方面。

（1）推土机驾驶员应识图或了解施工对象的情况　在动工之前应向推土机驾驶员介绍拟施工地段的地形情况及设计地形的特点，最好结合模型讲解，使之一目了然。另外，施工前还要了解实地定点放线情况，如桩位、施工标高等。这样施工起来驾驶员心中有数，推土铲就像他手中的雕塑刀，能得心应手地按照设计意图去塑造地形。这一点对提高施工效率有很大关系，这一步工作做得好，在修饰山体或水体时便可以省去许多人力物力。

（2）注意保护表土　在挖湖堆山时，先用推土机将施工地段的表层熟土（耕作层）推到施工场地外围，待地形整理停当，再把表土铺回来，这样做较麻烦，但对公园的植物生长却有很大好处。有条件之处应该这样做。

（3）桩点和施工放线要明显　因为推土机施工进进退退，其活动范围较大，施工地面高低不平，加上进车或退车时驾驶员视线存在某些死角，所以桩木和施工放线很容易受破坏。为了解决这一问题：第一，应加高桩木的高度，桩木上可做醒目标志，如挂小彩旗或桩木上涂明亮的颜色，以引起施工人员的注意；第二，施工期间，施工人员应该经常到现场，随时随地用测量仪器检查桩点和放线情况，掌握全局，以免挖错（或堆错）位置。

六、土方运输

1. 实际案例展示

2. 施工要点

一般竖向设计都力求土方就地平衡，以减少土方的搬运量。土方运输是较艰巨的劳动，人工运土一般都是短途的小搬运。这在有些局部或小型施工中还经常采用。

运输距离较长的，最好使用机械或半机械化运输。不论是车运人挑，运输路线的组织都很重要，卸土地点要明确，施工人员随时指点，避免混乱和窝工。如果使用外来土垫地堆山，运土车辆应设专人指挥，卸土的位置要准确，否则乱堆乱卸，必然会给下一步施工增加许多不必要的小搬运，造成人力物力的浪费。

七、土方填筑

1. 实际案例展示

2. 施工要点

填土应该满足工程的质量要求，土壤的质量要根据填方的用途和要求加以选择，在绿化地段土壤应满足种植植物的要求，而作为建筑用地则以要求将来地基的稳定为原则。利用外来土垫地堆山，对土质应该先验定后放行，劣土及受污染的土壤，不应放入园内以免将来影响植物的生长和妨害游人健康。

1）大面积填方应该分层填筑，一般每层 20～50cm，有条件的应层层压实。

2）在斜坡上填土，为防止新填土方滑落，应先把土坡挖成台阶状，然后再填方。这样可保证新填土方的稳定。

3）辇土或挑土堆山。土方的运输路线和下卸，应以设计的山头为中心结合来土方向进行安排。一般以环形线为宜，车辆或人挑满载上山，土卸在路两侧，空载的车（人）沿路线继续前行下山，车（人）不走回头路不交叉穿行，所以不会顶流拥挤。随着卸土的进行，山势逐渐升高，运土路线也随之升高，这样既使人流有序，又使土山分层上升，部分土方边卸边压实，这不仅有利于山体的稳定，山体表面也较自然。如果土源有几个来向，运土路线可根据设计地形特点安排几个小环路，小环路以人流车辆不相互干扰为原则。

八、土方压实

1. 实际案例展示

2. 施工要点

人力夯压可用夯、硪、碾等工具；机械碾压可用碾压机或用拖拉机带动的铁碾碾压。小型的夯压机械有内燃夯、蛙式夯等。为保证土壤的压实质量，土壤应该具有最佳含水率。如土壤过分干燥，需先洒水湿润后再行压实。在压实过程中应注意如下几点。

1）压实必须分层进行。

2）压实要注意均匀。

3）压实松土时夯压工具应先轻后重。

4）压实应自边缘开始逐渐向中间收拢。否则边缘土方外挤易引起塌落。

土方工程，施工面较宽，工程量大，施工组织工作很重要，大规模的工程应根据施工力量和条件决定，工程可全面铺开也可以分区分期进行。施工现场要有人指挥调度，各项工作要有专人负责，以确保工程按期、按计划、高质量地完成。

第二节　园林给水排水工程

一、园林给水方式

1. 实际案例展示

2. 施工要点

根据给水性质和给水系统构成的不同，可将园林给水分成三种方式。

（1）引用式　园林给水系统如果直接到城市给水管网系统上取水，就是直接引用式给水。采用这种给水方式，其给水系统的构成也就比较简单，只需设置园内管网、水塔、清水蓄水池即可。引水的接入点可视园林绿地具体情况及城市给水干管从附近经过的情况而决定，可以集中一点接入，也可以分散由几点接入。

（2）自给式　野外风景区或郊区的园林绿地中，如果没有直接取用城市给水水源的条件，就可考虑就近取用地下水或地表水。以地下水为水源时，因水质一般比较好，往往不用净化处理就可以直接使用，因而其给水工程的构成就要简单一些。一般可以只设水井（或管井）、泵房、消毒清水池、输配水管道等。如果是采用地表作水源，其给水系统构成就要复杂一些，从取水到用水过程中所需布置的设施顺序是：取水口、集水井、一级泵房加矾间与混凝池、沉淀池及其排泥阀门、滤池、清水池、输水管网、水塔或高位水池等。

（3）兼用式　在既有城市给水条件又有地下水、地表水可供采用的地方，接上城市给水系统，作为园林生活用水或游泳池等对水质要求较高的项目用水水源；而园林生产用水、造景用水等，则另设一个以地下水或地表水为水源的独立给水系统。这样做所投入的工程费用稍多一些，但以后的水费却可以大大节约。

在地形高差显著的园林绿地，可考虑分区给水方式。分区给水就是将整个给水系统分成几个区，不同区的管道中水压不同，区与区之间可有适当的联系以保证供水可靠和调度灵活。

二、园林给水管网的布置

1. 实际案例展示

2. 给水管网的审核

1）园林给水管网核对时，首先应该确定水源及给水方式。

2）确定水源的接入点；一般情况下，中小型公园用水可由城市给水系统的某一点引入；但对较大型的公园或狭长形状的公园用地，由一点引入则不够经济，可根据具体条件采用多点引入。采用独立给水系统的，则不考虑从城市给水管道接入水源。

3）对园林内所有用水点的用水量进行计算，并算出总用水量。

4）确定给水管网的布置形式、主干管道的布置位置和各用水点的管道引入。

5）根据已计算出的总用水量，进行管网的水力学计算，按照计算结果选用管径合适的水管，最后布置成完整的管网系统。

3. 园林用水量核算

核算园林总用水量，先要根据各种用水情况下的用水量标准，计算出园林最高日用水量和最大时用水量，并确定相应的日变化系数和时变化系数；所有用水点的最高日用水量之和，就是园林总用水量；而各用水点的最大时用水量之和，则是园林的最大总用水量。给水管网系统的设计，就是按最高日最高时用水量确定的，最高日最高时用水量就是给水管网的设计流量。

（1）园林用水量标准　用水量标准是国家根据各地区不同城市的性质、气候、生活水平、生活习性、房屋卫生设备等不同情况而制定的。这个标准针对不同用水情况分别规定了用水指标，这样可以更加符合实际情况，同时也是计算用水量的依据。

（2）园林最高日用水量核算　园林最高日用水量就是园林中用水最多那一天的消耗水量，用 Q_d 表示。公园内各用水点用水量标准不同时，最高日用水量应当等于各点用水量的总和。

最高日最大时用水量核算。在用水量最大一天中消耗水量最多的那一小时的用水量，就是最高日最大时用水量，用 Q_h 表示。核算时，应尽量切合实际，避免产生较大的误差。

（3）园林总用水量核算。

在确定园林用水量时，除了要考虑近期满足用水要求外，还要考虑远期用水量增加的可能，要在总用水量中增加一些发展用水、管道漏水、临时突击用水及其他不能预见的用水量。这些用水量可按日用水量的15% ~25% 来确定。

4. 管网的布置要点

园林中用水点比较分散，用水量和水压差异很大，因此给水管网布置必须保证各用水点的流量和水压，力求管线短、投资少，达到经济合理的目的。一般中小型公园的给水可由一点引入。大型公园，特别是地形复杂时，为了节约管材，减少水头损失，有条件的，可就地就近，从多点引入。

1）干管应靠近主要供水点。

2）干管应靠近调节设施（如高位水池或水塔）。

3）在保证不受冻的情况下，干管宜随地形起伏敷设，避开复杂地形和难于施工的地段，以减少土石方工程量。

4）干管应尽量埋设于绿地下，避免穿越或设于园路下。

5）和其他管道按规定保持一定距离。

5. 管网布置的一般规定

（1）管道埋深　冰冻地区，应埋设于冰冻线以下40cm处；不冻或轻冻地区，覆土深度应不小于70cm 。当然管道也不宜埋得过深，埋得过深工程造价高。但也不宜过浅，否则管道易遭破坏。

（2）阀门及消火栓　给水管网的交点称为节点，在节点上设有阀门等附件，为了检修管理方便，节点处应设阀门井。阀门除安装在支管和干管的连接处外，为便于检修维护，要求每500m直线距离设一个阀门井。配水管上安装着消火栓，按规定其间距通常为120m，且其位置距建筑不得少于5m，为了便于消防车补给水，离车行道不大于2m。

（3）管道材料的选择（包含排水管道）　大型排水渠道有砖砌、石砌及预制混凝土装配式等。

6. 给水管网的布置形式

给水管网布置的基本要求如下：

1）在技术上，要使园林各用水点有足够的水量和水压。

2）在经济上，应选用最短的管道线路，要考虑施工的方便，并努力使给水管网的修建费用最少。

3）在安全上，当管网发生故障或进行检修时，要求仍能保证继续供给一定数量的水。

为了把水送到园林的各个局部地区，除了要安装大口径的输水干管以外，还要在各用水地区埋设口径大小不同的配水管网。由输水干管和配水支管构成的管网是园林给水工程中的主要部分，它大概要占全部给水工程投资的40% ~70% 。

园林给水管网的布置形式分为树枝形和环形两种，如图1-1所示。

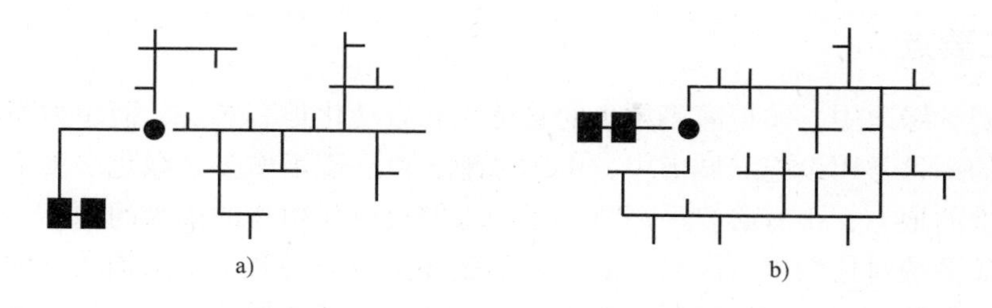

图 1-1　园林给水管网的布置形式
a）树枝形管网　b）环形管网

（1）树枝形管网　是以一条或少数几条主干管为骨干，从主管上分出许多配水支管连接各用水点。在一定范围内，采用树枝形管网形式的管道总长度比较短，管网建设和用水的经济性比较好，但如果主干管出故障，则整个给水系统就可能断水，用水的安全性较差。

（2）环形管网　主干管道在园林内布置成一个闭合的大环形，再从环形主干管上分出配水支管向各用水点供水。这种管网形式所用管道的总长度较长，耗用管材较多，建设费用稍高于树枝形管网。但管网的使用很方便，主干管上某一点出故障时，其他管段仍能通水。

在实际布置管网的工作中，常常将两种布置方式结合起来应用。在园林中用水点密集的区域，采用环形管网；而在用水点稀少的局部，则采用分支较小的树枝形管网。或者，在近期中采用树枝形管网，而到远期用水点增多时，再改造成环形管网形式。

布置园林管网，应当根据园林地形、园路系统布局、主要用水点的位置、用水点所要求的水量与水压、水源位置和园林其他管线工程的综合布置情况，来合理地做好安排。要求管网应比较均匀地分布在用水地区，并有两条或几条管通向水量调节构筑物（如水塔和高地蓄水池）及主要用水点。干管应布置在地势较高处，能利用地形高差实行重力自流给水。

为了保证发生火灾时有足够的水量和水压用于灭火，消火栓应设置在园路边的给水主干管道上，尽量靠近园林建筑；消火栓之间的间距不应大于120m 。

三、园林喷灌系统施工

1. 实际案例展示

2. 施工要点

在当今园林绿地中，实现灌溉用水的管道化和自动化很有必要，而园林喷灌系统就正是自动化供水的一种常用设施。城市中，由于绿地、草坪逐渐增多，绿化灌溉工作量也越来越大，在有条件的地方，很有必要采用喷灌系统来解决绿化植物的供水问题。

采用喷灌系统对植物进行灌溉，能够在不破坏土壤通气和土壤结构的条件下，保证均匀地湿润土壤；能够湿润地表空气层，使地表空气清爽；还能够节约大量的灌溉用水，比普通浇水灌溉节约水量40% ~60%。喷灌的最大优点在于它使灌溉工作机械化，显著提高了灌溉的工效。

喷灌系统的设计，主要是解决用水量和水压方面的问题。至于供水的水质，要求可以稍低一些，只要水质对绿化植物没有害处即可。

（1）喷灌的形式　按照管道、机具的安装方式及其供水使用特点，园林喷灌系统可分为移动式、固定式和半固定式三种。

1）移动式喷灌系统。要求有天然水源，其动力（发电机）、水泵和干管支管是可移动的。其使用特点是浇水方便灵活、能节约用水；但喷水作业时劳动强度稍大。

2）固定式喷灌系统。这种系统有固定的泵站，干管和支管都埋入地下，喷头可固定于竖管上，也可临时安装。固定式喷灌系统的安装，要用大量的管材和喷头，需要较多的投资。但喷水操作方便，用人工很少，既节约劳动力，又节约用水，浇水实现了自动化，甚至还可能用遥控操作，因此，是一种高效低耗的喷灌系统。这种喷灌系统最适于需要经常性灌溉供水的草坪、花坛和花圃等。

3）半固定式喷灌系统。其泵站和干管固定，但支管与喷头可以移动，也就是一部分固定一部分移动。其使用上的优缺点介于上述两种喷灌系统之间，主要适用于较大的花圃和苗圃使用。

（2）喷灌机与喷头　喷灌机主要是由压水、输水和喷头三个主要结构部分构成。压水部分通常有发动机和离心式水泵，主要是为喷灌系统提供动力和为水加压，使管道系统中的水压保持在一个较高的水平上。输水部分是由输水主管和分管构成的管道系统。喷头部分则有以下所述类别。

按照喷头的工作压力与射程来分，可把喷灌用的喷头分为高压远射程、中压中射程和低压近射程三类喷头，其工作压力与射程情况可参见本书有关表格，此处不讨论。而根据喷头的结构形式与水流形状，则可把喷头分为旋转类、漫射类和孔管类三种类型。

1）旋转类喷头。又称为射流式喷头。其管道中的压力水流通过喷头而形成一股集中的射流喷射而出，再经自然粉碎形成细小的水滴洒落在地面。在喷洒过程中，喷头绕竖向轴缓缓旋转，使其喷射范围形成一个半径等于其射程的圆形或扇形。其喷射水流集中，水滴分布均匀，射程达30m以上，喷灌效果比较好，所以得到了广泛的应用。这类喷头中，因其转动机构的构造不一样，又可分为摇臂式、叶轮式、反作用式和手持式四种形式。还可根据是否装有扇形机构而分为扇形喷灌喷头和全圆周喷灌喷头两种形式。

摇臂式喷头是旋转类喷头中应用最广泛的喷头形式。这种喷头的结构是由导流器、摇臂、摇臂弹簧、摇臂轴等组成的转动机构，由定位销、拨杆、挡块、扭簧或压簧等构成的扇形机构，以及喷体、空心轴、套轴、垫圈、防沙弹簧、喷管和喷嘴等构件组成的。在转动机构作用下，可使喷体和空心轴的整体在套轴内转动，从而实现旋转喷水。

2）漫射类喷头。这种喷头是固定式的，在喷灌过程中所有部件都固定不动，而水流却是呈圆形或扇形向四周分散开。漫射喷灌系统的结构简单，工作可靠，在公园苗圃或一些小块绿地有所应用。其喷头的射程较短，在5～10m；喷灌强度大，15～20m/h以上；但喷灌水量不均匀，近处比远处的喷灌强度大得多。

3）孔管类喷头。喷头实际上是一些水平安装的管子。在水平管子的顶上分布有一些整齐排列的小喷水孔。孔径仅1～2mm。喷水孔在管子上有排列成单行的，也有排列为两行以上的，可分别称为单列孔管和多列孔管。

（3）有关喷灌的几个概念

1）设计灌水定额。灌水定额是指一次灌水的水层深度（单位为mm）或一次灌水单位面积的用水量（单位为m^3/h）。而设计灌水定额则是指作为设计依据的最大灌水定额。确定这一定额旨在使灌溉区获得合理的灌水量。即使被灌溉的植被既能得到足够的水分，又不造成水的浪费。设计灌水定额可用以下两种方法求取：利用土壤田间持水量资料计算；利用土壤有效持水量资料计算。

2）设计灌溉周期。灌溉周期也称为轮灌期，在喷灌系统设计中，需确定植物耗水最旺时期的允许最大灌水间隔时间。

3）喷洒方式。喷头的喷洒方式有圆形喷洒和扇形喷洒两种。一般在管道式喷灌系统中，除了位于地块边缘的喷头做扇形，其余均采用圆形喷洒。

4）喷头组合形式。也称为布置形式，是指各喷头相对位置的安排。

5）喷灌强度。单位时间喷洒于田间的水层深度称为喷灌强度，其单位一般用m/h表示。喷灌强度的选择很重要，强度过小，喷灌时间延长，水量蒸发损失大。反之，强度过大，水来不及被土壤吸收便形成径流或积水，容易造成水土流失，破坏土壤结构，而且在同样的喷水量下，强度过大，土壤湿润深度反而减少，灌溉效果不好。喷灌系统工作时的组合喷灌强度，取决于喷头的水力性能、喷洒方式和布置间距等。

6）喷灌时间。是指为了达到既定的灌水定额，喷头在每个位置上所需的喷洒时间。

（4）喷头的布置　喷灌系统喷头的布置形式有矩形、正方形、正三角形和等腰三角形四种。在实际工作中采用哪种喷头的布置形式，主要取决于喷头的性能和拟灌溉地段的情况，见表1-1。

表1-1　喷头的布置

序号	喷头组合图	喷洒方式	喷头支距(L)，支管间距(b)与喷头射程(R)的关系	有效控制面积	适用
1	L R b 正方形	全圆	$L=b=1.42R$	$S=2R^2$	在风向改变频繁的地方效果较好

（续）

序号	喷头组合图	喷洒方式	喷头支距(L),支管间距(b)与喷头射程(R)的关系	有效控制面积	适用
2	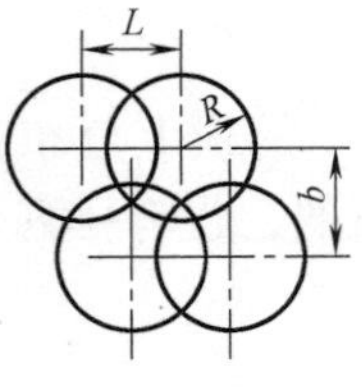 正三角形	全圆	$L=1.73R$ $b=1.5R$	$S=2.6R^2$	在无风情况下喷灌的均匀度较好
3	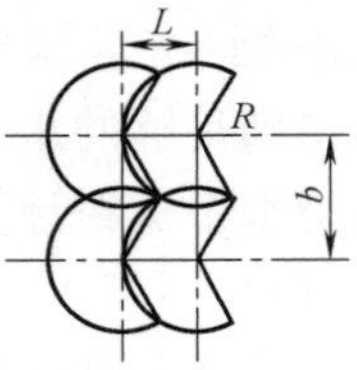 矩形	扇形	$L=R$ $b=1.73R$	$S=1.73R^2$	较1、2节省管道
4	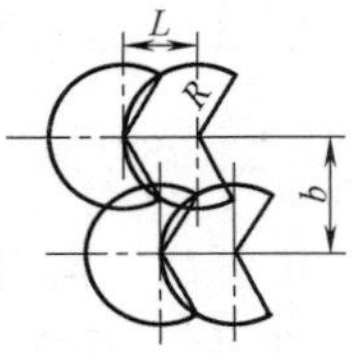 等腰三角形	扇形	$L=R$ $b=1.87R$	$S=1.865R^2$	较1、2节省管道

四、排水系统的布置形式

园林排水系统的布置，是在确定了所规划、设计的园林绿地排水体制、污水处理方案和估算出园林排水量的基础上进行的。在污水排放系统的平面布置中，一般应确定污水处理构筑物、泵房、出水口以及污水管网主要干管的位置，当考虑利用污水、废水灌溉林地、草地时，则应确定灌溉干渠的位置及其灌溉范围。在雨水排水系统平面布置中，主要应确定雨水管网中主要的管渠、排洪沟及出水口的位置。各种管网设施的基本位置大概确定后，再选用一种最适合的管网布置形式，对整个排水系统进行安排。排水管网的布置形式主要有下述几种，如图1-2所示。

（1）正交式布置　当排水管网的干管总走向与地形等高线或水体方向大致成正交时，管网的布置形式就是正交式。这种布置方式适用于排水管网总走向的坡度接近于地面坡度时和地面向水体方向较均匀地倾斜时。采用这种布置，各排水区的干管以最短的距离通到排水口，管线长度短、管径较小、埋深小、造价较低。在条件允许情况下，应尽量采用这种布置形式。

（2）截流式布置　在正交式布置的管网较低处，沿着水体方向再增设一条截流干管，将污水截流并集中引到污水处理站。这种布置形式可减少污水对于园林水体的污染，也便于

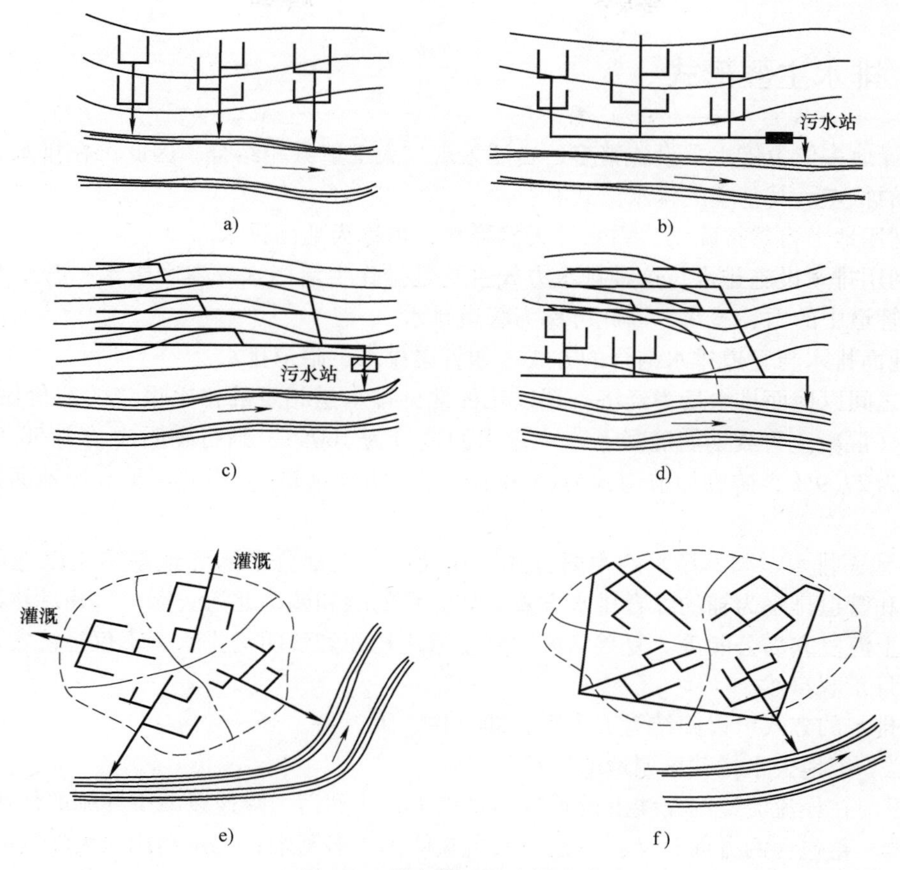

图 1-2　排水管网的布置形式

a）正交式　b）截流式　c）扇形（平行式）　d）分区式　e）辐射（分散）式　f）环流式

对污水进行集中处理。

（3）扇形布置　在地势向河流湖泊方向有较大倾斜的园林中，为了避免因管道坡度和水的流速过大，而造成管道被严重冲刷的现象，可将排水管网的主干管，布置成与地面等高线或与园林水体流动方向相平行或夹角很小的状态。这种布置方式又可称为平行式布置。

（4）分区式布置　当规划设计的园林地形高低差别很大时，可分别在高地形区和低地形区各设置独立的、布置形式各异的排水管网系统，这种形式就是分区式布置。低区管网可按重力自流方式直接排入水体的，则高区干管可直接与低区管网连接。如低区管网的水不能依靠重力自流排除，那么就将低区的排水集中到一处，用水泵提升到高区的管网中，由高区管网依靠重力自流方式把水排除。

（5）辐射式布置　在用地分散、排水范围较大、基本地形是向周围倾斜和周围地区都有可供排水的水体时，为了避免管道埋设太深，降低造价，可将排水干管布置成分散的、多系统的、多出口的形式。这种形式又称为分散式布置。

（6）环流式布置　这种方式是将辐射式布置的多个分散出水口用一条排水主干管串联起来，使主干管环绕在周围地带，并在主干管的最低点集中布置一套污水处理系统，以便污水的集中处理和再利用。

五、排水主要形式

园林绿地多依山傍水，设施繁多，自然景观与人工造景相结合。因此，在排水方式上也有其本身的特点。其基本的排水方式有：

1）利用地形自然排除雨、雪水等天然降水，可称为地面排水。

2）利用排水设施排水，这种排水方式主要是排除生活污水、生产废水、游乐废水和集中汇流到管道中的雨、雪水，因此可称为管道排水。

3）地面排水与管道排水结合的方式，如管渠排水、暗道排水。

三者之间以地面排水最为经济。现以几种常见排水量相近的排水设施的造价做一比较。设以管道（混凝土管或钢筋混凝土管）排水的造价为100%，则石砌明沟约为58.0%，砖砌明沟约为27.9%，砖砌加盖沟约为68.0%，而土明沟只2%。由此可见利用地面排水的经济性了。

（1）地面排水　园林排水的主要方式。在我国，大部分公园绿地都采用以地面排水为主，沟渠和管道排水为辅的综合排水方式。如北京的颐和园、北海公园，广州动物园，杭州动物园，上海复兴岛公园等。复兴岛公园完全采用地面和浅明沟排水，不仅经济实用，便于维修，而且景观自然。

地面排水的方式可以归结为五个字，即：拦、阻、蓄、分、导。

1）拦。把地表水拦截于园地或某局部之外。

2）阻。在径流流经的路线上设置障碍物挡水，达到消力降速以减少冲刷的作用。

3）蓄。蓄包含两方面意义：一是采取措施使土壤多蓄水；二是利用地表洼处或池塘蓄水。这对干旱地区的园林绿地尤其重要。

4）分。用山石建筑墙体等将大股的地表径流分成多股细流，以减少危害。

5）导。把多余的地表水或造成危害的地表径流利用地面、明沟、道路边沟或地下管及时排放到园内（或园外）的水体或雨水管渠中去。

（2）管渠排水　公园绿地应尽可能利用地形排除雨水，但在某些局部如广场、主要建筑周围或难于利用地面排水的局部，可以设置暗管，或开渠排水。这些管渠可根据分散和直接的原则，分别排入附近水体或城市雨水管，不必采用完整的系统。

1）管道的最小覆土深度。根据雨水井连接管的坡度、冰冻深度和外部荷载情况决定，雨水管的最小覆土深度不小于0.7m。

2）最小坡度。道路边沟的最小坡度不小于0.002；梯形明渠的最小坡度不小于0.0002。

3）最小容许流速。各种管道在自流条件下的最小容许流速不得小于0.75m/s；各种明渠不得小于0.4m/s（个别地方可酌减）。

4）最小管径及沟槽尺寸。雨水管最小管径不小于300mm，一般雨水口连接管最小管径为200mm，最小坡度为0.01。公园绿地的径流中夹带泥沙及枯枝落叶较多，容易堵塞管道，故最小管径限值可适当放大。

梯形明渠为了便于维修和排水通畅，渠底宽度不得小于30cm。

梯形明渠的边坡，用砖石或混凝土块铺砌的一般采用1:0.75～1:1的边坡。

5）排水管渠的最大设计流速。

管道：金属管为10m/s；非金属管为5m/s。

明渠：水流深度为0.4～1.0m时，宜按有关规范采用。

（3）暗沟排水　暗沟又称为盲沟，是一种地下排水渠道，用以排除地下水，降低地下水位。在一些要求排水良好的活动场地，如体育场、儿童游戏场等或地下水位过高影响植物种植和开展游园活动的地段，都可以采用暗沟排水。

暗沟排水的优点是：

取材方便，可废物利用，造价低廉；不需要检查井或雨水井之类的排水构筑物，地面不留“痕迹”，从而保持了绿地或其他活动场地的完整性，这对公园草坪的排水尤其适用。

1）布置形式。依地形及地下水的流动方向而定，大致可归纳为如图1-3所示的四种。

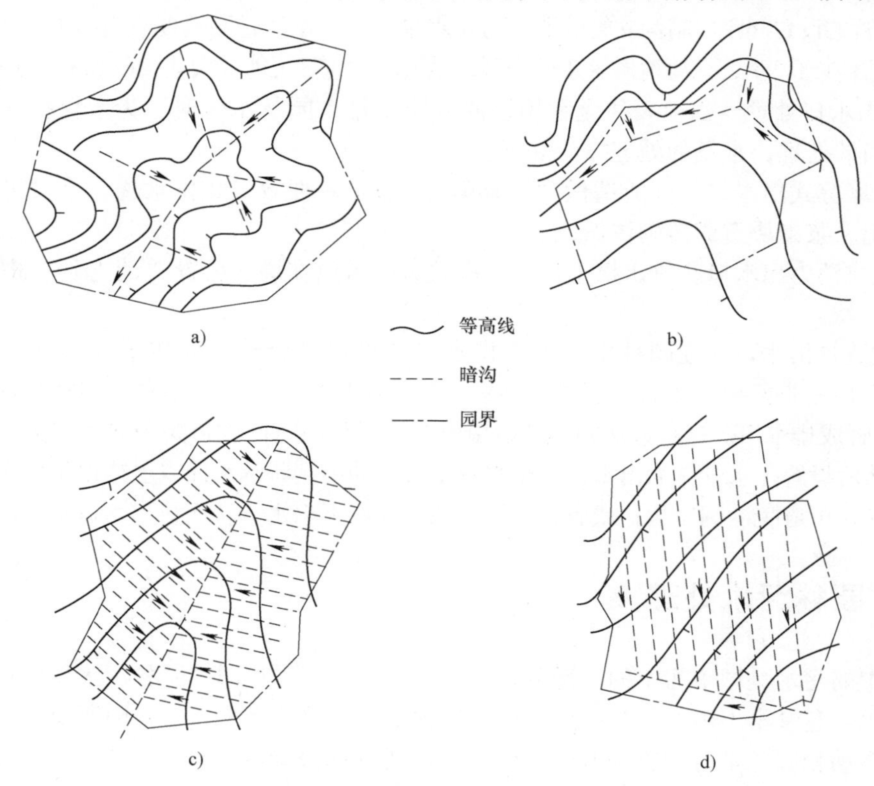

图1-3　暗沟布置的几种形式

a）自然式　b）截流式　c）箅式　d）耙式

① 自然式。园址处于山坞状地形，由于地势周边高中间低，地下水向中心部分集中，其地下暗渠系统布置，将排水干渠设于谷底，其支管自由伸向周围的每个山洼以拦截由周围侵入园址的地下水。

② 截流式。园址四周或一侧较高，地下水来自高地，为了防止园外地下水侵入园址，在地下水向一侧设暗沟截流。

③ 箅式。地处豁谷的园址，可在谷底设干管，支管成鱼骨状向两侧坡地伸展。此法排水迅速，适用于低洼地积水较多处。

④ 耙式。此法适合于一面坡的情况，将干管埋设于坡下，支管由一侧接入，形如铁耙。

以上几种形式可视当地情况灵活采用，单独用某种形式布置或据情况用两种以上形式混合布置均可。

2）暗沟的埋置深度。影响埋深的因素有如下几个方面：

① 植物对水位的要求，例如草坪区暗沟的深度不小于1m，不耐水的松柏类乔木，要求地下水距地面不小于1.50m。

② 受根系破坏的影响，不同的植物其根系的大小深浅各异。

③ 土壤质地的影响，土质疏松可浅些，黏重土应该深些。

④ 地面上有无荷载。

⑤ 在北方冬季严寒地区，还有冰冻破坏的影响。暗沟埋置的深度不宜过浅，否则表土中的养分易被流走。

3）支管的设置间距。暗沟支管的数量与排水量及地下水的排除速度有直接的关系。暗沟沟底纵坡坡度不少于5%，只要地形等条件许可，纵坡坡度应尽可能取大些，以利地下水的排出。

（4）出水口处理　当地表径流利用地面或明渠排入园林水体时，为了保护岸坡，出水口应做适当的处理，常见的处理方法如下。

1）做簸箕式出水口。即所谓做“水簸箕”。这是一种敞口式排水槽。槽身可采用三合土、混凝土、浆砌块石或砖砌体做成。

2）做成消力出水口。排水槽上口下口高差大时可以在槽底设置“消力阶”礓礤儿（台阶）或消力块。

3）做造景出水口。在园林中，雨水排水口还可以结合造景布置成小瀑布、跌水、溪涧、峡谷等，一举两得，既解决了排水问题，又使园景生动自然，丰富了园林景观内容。

4）埋管成排水口。这种方法园林中运用很多，即利用路面或道路两侧的明渠将水引至适当位置，然后设置排水管作为出水口，排水管口可以伸出到园林水面以上或以下，管口出水直接落入水面，可避免冲刷岸边；或者，也可以从水面以下出水，从而将出水口隐藏起来。

六、园林污水处理

园林中的污水是城市污水的一部分，但和城市污水不尽相同。园林污水量比较少，性质也比较简单。它基本上由两部分组成：一是餐饮部门排放的污水；二是厕所及卫生设备产生的污水。在动物园或带有动物展览区的公园里，还有部分动物粪便及清扫禽兽笼舍的脏水。由于园林污水性质简单，排放量少，处理这些污水也相对简单些。

（1）污水处理方法

1）以除油池除污。除油池是用自然浮法分离，取出含油污水中浮油的一种污水处理池。污水从池的一端流入池内，再从另一端流出，通过技术措施将浮油导流到池外。用这种方式，可以处理公园内餐厅、食堂排放的污水。

2）用化粪池化污。这是一种设有搅拌与加温设备，在自然条件下消化处理污物的地下构筑物，是处理公园宿舍、公厕粪便最简易的一种处理方法。其主要原理是：将粪便导流入化粪池沉淀下来，在厌氧细菌作用下，发酵、腐化、分解，使污物中有机物分解为无机物。化粪池内部一般分为三格：第一格供污物沉淀发酵；第二格供污水澄清；第三格使澄清后的清水流入排水管网系统中。

3）沉淀池。使水中的固体物质（主要是可沉固体）在重力作用下下沉，从而与水分离；根据水流方向，沉淀池可分为平流式、辐流式和竖流式三种。平流式沉淀池中水从池子一端流入，按水平方向在池内流动，从池的另一端溢出；池呈长方形，在进口处的底部有储泥斗。辐流式沉淀池，池表面呈圆形或方形，污水从池中间进入，澄清的污水从池周溢出。竖流式沉淀池，污水在池内也呈水平方向流动；水池表面多为圆形，但也有呈方形或多角形者；污水从池中央下部进入，由下向上流动，清水从池边溢出。

4）过滤池。是使污水通过滤料（如砂等）或多孔介质（如布、网、微孔管等），以截留水中的悬浮物质，从而使污水净化的处理方法。这种方法在污水处理系统中，既用于以保护后继处理工艺为目的的预处理，也用于出水能够再次复用的深度处理。

5）生物净化池。是以土壤自净原理为依据，在污水灌溉的实践基础上，经间歇砂滤和接触滤池而发展起来的人工生物处理。污水长期以滴状洒布在表面上，就会形成生物膜。生物膜成熟后，栖息在膜上的微生物即摄取污水中的有机污染物作为营养，从而使污水得到净化。

（2）污水的排放　净化污水应根据其性质，分别处理。如饮食部门的污水主要是残羹剩饭及洗涤废水，污水中含有较多油脂。对这类污水，可设带有沉淀池的隔油井，经沉淀隔油后，排入就近的水体。这些肥水可以养鱼，也可以给水生生物施肥，水体中就可广种藻类、荷花、水浮莲等水生植物。水生植物通过光合作用放出大量的氧，溶解在水中，为污水的净化创造了良好的条件。粪便污水处理则应采用化粪池。污水在化粪池中经沉淀、发酵、沉渣、液体再发酵澄清后，污水可排入城市污水管网，也可作园林树木的灌溉用水。少量的可排入偏僻的或不进行水上活动的园内水体。水体应种植水生植物及养鱼。对化粪池中的沉渣污泥，应根据气候条件每三个月至一年清理一次。这些污泥是很好的肥料。

排放污水的地点应该远离设有游泳场之类的水上活动区，以及公园的重要部分。排放时也宜选择闭园休息时。

第三节　供 电 工 程

一、配电线路布置形式

1. 实际案例展示

2. 施工要点

为用户配电主要是通过配电变压器降低电压后，再通过一定的低压配电线路输送到用户设备上。在到达用户设备之前的低压配电线路的布置形式如图 1-4 所示。

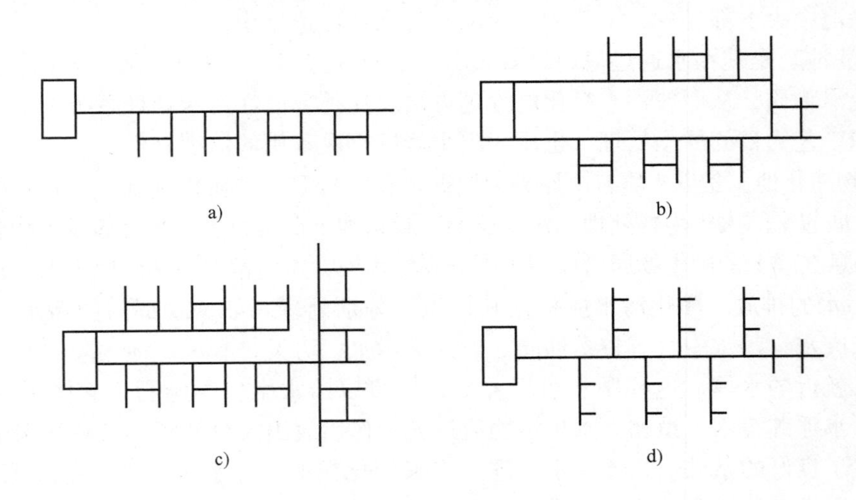

图 1-4 低压配电线路的布置形式

a）链式线路 b）环式线路 c）放射式线路 d）树干式线路

（1）链式线路 从配电变压器引出的 380V/220V 低压配电主干线，顺序地连接起几个用户配电箱，其线路布置如同链条状。这种线路布置形式适宜在配电箱设备不超过 5 个的较短的配电干线上采用。

（2）环式线路 通过从变压器引出的配电主干线，将若干用户的配电箱顺序地联系起来，而主干线的末端仍返回到变压器上。这种线路构成了一个闭合的环。环状电路中任何一段线路发生故障，都不会造成整个配电系统断电。这种形式供电的可靠性比较高，但线路、设备投资也相应要高一点。

（3）放射式线路 由变压器的低压端引出低压主干线至各个主配电箱，再由每个主配电箱各引出若干条支干线，连接到各个分配电箱。最后由每个分配电箱引出若干小支线，与用户配电板及用电设备连接起来。这种线路分布是呈三级放射状的，供电可靠性高，但线路和开关设备等投资较大，所以较适合用电要求比较严格，用电量也比较大的用户地区。

（4）树干式线路 从变压器引出主干线，再从主干线上引出若干条支干线，从每一条支干线上再分出若干支线与用户设备相连。这种线路呈树木分枝状，减少了许多配电箱及开关设备，因此投资比较少。但是，若主干线出故障，则整个配电线路即不能通电，所以，这种形式用电的可靠性不太高。

（5）混合式线路 即采用上述两种以上形式进行线路布局，构成混合了几种布置形式优点的线路系统。例如，在一个低压配电系统中，对一部分用电要求较高的负荷，采用局部的放射式或环式线路，对另一部分用电要求不高的用户，则可采用树干式局部线路。整个线路则构成了混合式。

二、照明光量

常用的照明光线量度单位有光通量、发光强度、照度和亮度。

（1）光通量　光通量说明发光体发出的光能数量有多少，其符号为 F_0。光通量的单位是流明（lm）。

（2）发光强度　是发光体在某方向发出的光通量的密度，表征光能在空间的分布状况，用符号 I 来表示。发光强度的单位是坎德拉（cd），它表示在一球面立体角内均匀发出 1lm 的光通量。

（3）照度　照度表示了被照物表面接收的光通量密度，可用来判定被照物的照明情况，表示符号为 E。照明的照度按如下系列分级。

1）简单视觉照明应采用：0.5lx、1lx、2lx、3lx、5lx、10lx、15lx、20lx、30lx。

2）一般视觉照明应采用：50lx、75lx、100lx、150lx、200lx、300lx。

3）特殊视觉照明应采用：500lx、750lx、1000lx、1500lx、2000lx、3000lx。

（4）亮度　表示发光体单位面积上的发光强度，表征一个物体的明亮程度，用符号 L 来代表。亮度的单位是 cd/m^2。

三、照明光源

1. 实际案例展示

2. 施工要点

根据发光特点，照明光源可分为热辐射光源和气体放电光源两大类。热辐射光源最具有代表性的是钨丝白炽灯和卤钨灯；气体放电光源比较常见的有荧光灯、荧光高压汞灯、金属卤化物灯、钠灯、氙灯等。

（1）普通白炽灯　具有构造简单、使用方便、能瞬间点亮、无频闪现象、价格便宜等特点；所发出的光以长波辐射为主，呈红色，与天然光有些差别；其发光效率比较低，只有2%～3%的电能转化为光，灯泡的平均寿命为1000h左右。白炽灯灯泡有以下一些类型。

1）普通型。为透明玻璃壳灯泡，有功率为10W、15W、20W、25W、40W以至1000W等多种规格；40W以下是真空灯泡，40W以上则充以惰性气体如氩、氮气体或氩氮的混合气体。

2）反射型。在灯泡玻璃壳内的上部涂以反射膜，使光线向一定方向投射，光线的方向性较强，功率常见有40～500W。

3）漫射型。采用乳白玻璃壳或在玻璃壳内表面涂以扩散性良好的白色无机粉末，使灯光具有柔和的漫射特性，常见有25～250W等多种规格。

4）装饰型。用颜色玻璃壳或在玻璃壳上涂以各种颜色，使灯光成为不同颜色的色光；其功率一般为15～40W。

5）水下型。水下灯泡一般用特殊的彩色玻璃壳制成，功率为1000W和1500W。这种灯泡主要用在涌泉、喷泉、瀑布水池中作水下灯光造景。

（2）微型白炽灯　这类光源虽属白炽灯系列，但由于它功率小、所用电压低，因而照明效果不好，在园林中主要是作为图案、文字等艺术装饰使用，如可塑霓虹灯、美耐灯、带灯、满天星灯等。微型灯泡的寿命一般在5000～10000h以上；其常见的规格有6.5V/0.46W、13V/0.84W、28V/0.84W等几种，体积最小的其直径只有3mm，高度只有7mm。特种微型白炽灯主要有以下三种形式。

1）一般微型灯泡。这种灯泡主要是体积小、功耗小，只起普通发光装饰作用。

2）断丝自动通路微型灯泡。这种灯泡可以在多灯串联电路中某一个灯泡的灯丝烧断后，自动接通灯泡两端电路，从而使串联电路上的其他灯泡能够继续发光。

3）定时亮灭微型灯泡。灯泡能够在一定时间中自动发光，又能在一定时间中自动熄灭。这种灯泡一般不单独使用，而是在多灯泡串联的电路中，使用一个定时亮灭微型灯泡来控制整个灯泡组的定时亮灭。

（3）卤钨灯　是白炽灯的改进产品，光色发白，较白炽灯有所改良；其发光效率约为2211m/W，平均寿命约1500h，其规格有500W、1000W、1500W、2000W四种，管形卤钨灯需水平安装，倾角不得大于4°；在点亮时灯管温度达600℃左右，故不能与易燃物接近。卤钨灯有管形和泡形两种形状，具有体积小、功率大、可调光、显色性好、能瞬间点燃、无频闪效应、发光效率高等特点，多用于较大空间和要求高照度的场所。

（4）荧光灯　俗称日光灯，其灯管内壁涂有能在紫外线刺激下发光的荧光物质，依靠高速电子，使灯管内蒸气状的汞原子电离而产生紫外线并进而发光。其发光效率一般可达45lm/W，有的可达70lm/W以上。灯管表面温度很低，光色柔和，光质接近天然光，有助于颜色的辨别，并且光色还可以控制。灯管寿命长，一般在2000～3000h，国外也有达到10000h以上的。荧光灯常见规格有8W、20W、30W、40W等，其灯管形状有直管形、环形、U形和反射形等。近年来还发展有用较细玻璃管制成的H形灯、双D形灯、双曲灯等，被称为高效节能日光灯；其中还有些将镇流器、启辉器与灯管组装成一体的，可以直接代换白炽灯使用。

1）普通荧光灯。是直径为16mm和38mm，长度为302.4～1213.6mm的直灯管。

2）彩色荧光灯。灯管尺寸与普通日光灯相似，有蓝、绿、白、黄等各色，是很好的装饰兼照明用的光源。

3）黑光灯。能产生强烈的紫外线辐射，用于诱捕危害园林植物的昆虫。

4）紫外线杀菌灯。也产生强烈紫外线，但用于小卖部、餐厅食物的杀菌消毒和其他有机物储藏室的灭菌。

（5）荧光高压汞灯　发光原理与荧光灯相同，有外镇流荧光高压汞灯和自镇流荧光高压汞灯两种基本形式；自镇流荧光高压汞灯利用自身的钨丝代作镇流器，可以直接接入220V50Hz的交流电路上，不用镇流器。荧光灯、高压汞灯的发光效率一般为50lm/W，灯泡的寿命可达5000h，具有耐振、耐热的特点。普通荧光高压汞灯的功率为50～1000W，自镇流荧光高压汞灯的功率则常见有160W、250W和450W三种。高压汞灯的再启动时间长达5～10s，不能瞬间点亮，因此不能用于事故照明和要求迅速点亮的场所。这种光源的光色差，呈蓝紫色，在光下不能正确分辨被照射物体的颜色，故一般只用作园林广场、停车场、通车主园路等不需要仔细辨别颜色的大面积照明场所。

（6）钠灯　它是利用在高压或低压钠蒸气中放电时发出可见光的特性制成的。钠灯的发光效率高，一般在110lm/W以上；寿命长，一般在3000h左右；其规格从70～400W的都有。低压钠灯的显色性差，但透雾性强，很少用在室内，主要用于园路照明。高压钠灯的光色有所改善，呈金白色，透雾性能良好，故适合于一般的园路、出入口、广场、停车场等要求照度较大的广阔空间照明。

四、园林场地照明

1. 实际案例展示

2. 施工要点

（1）大面积园林场地设置园灯　面积广大的园林场地如园景广场、门景广场、停车场等，一般选用钠灯、氙灯、高压汞灯、卤钨灯等功率大、光效高的光源，采用杆式路灯的方式布置广场的周围，间距为10～15m。若在特大的广场中采用氙灯作光源，也可在广场中心设立钢管灯柱，直径25～40cm，高20m以上。对大型广场的照明可以不要求照度均匀。对重点照明对象，可以采用大功率的光源和直接型灯具，进行突出性的集中照明。而对一般的或次要的照明对象，则可采用功率较小的光源和漫射型、半间接型灯具，实行装饰性的照明。

（2）小面积园林场地设置园灯　在对小面积的园林场地进行照明设计时，要考虑场地面积大小和场地形状对照明的要求。小面积场地的平面形状若是矩形的，则灯具最好布置在2个对角上或在4个角上都布置；灯具布置最好要避开矩形边的中段。圆形的小面积场地，灯具可布置在场地中心，也可对称布置在场地边沿。面积较小的场地一般可选用卤钨灯、金属卤化物灯和荧光高压汞灯等作为光源。休息场地面积一般较小，可用较矮的柱式庭院灯布置在四周，灯具间距可以小一些，在10～15m即可。光源可采用白炽灯或卤钨灯，灯具则既可采用直接型的，也可采用漫射型的，直接型灯具适宜于阅读、观看和观影要求的场地，如露天茶园、棋园和小型花园等。漫射型灯具则宜设置在不必清楚分辨环境的一些休息场地，如小游花园的座椅区、园林中的露天咖啡座、冷热饮座、音乐茶座等。

（3）游乐或运动场地设置园灯　游乐或运动场地因动态物多，运动性强，在照明设计中要注意不能采用频闪效应明显的光源如荧光高压汞灯、高压钠灯、金属卤化物灯等，而要采用频闪效应不明显的卤钨灯和白炽灯。灯具一般以高杆架设方式布置在场地周围。

（4）园林草坪场地的照明　园林草坪场地的照明一般以装饰性为主，但为了体现草坪在晚间的景色，也需要有一定的照度。对草坪照明和装饰效果最好的是矮柱式灯具和低矮的石灯、球形地灯、水平地灯等，由于灯具比较低矮，能够很好地照明草坪，并使草坪具有柔和的、朦胧的夜间情调。灯具一般布置在距草坪边线1.0～2.5m的草坪上；若草坪很大，也可在草坪中部均匀地布置一些灯具。灯具的间距可在8～15m，其光源高度可在0.5～15m。灯具可采用均匀漫射型和半间接型的，最好在光源外设有金属网状保护罩，以保护光源不受损坏。光源一般要采用照度适中的、光线柔和的、漫射性的一类，如装有乳白玻璃灯罩的白炽灯、装有磨砂玻璃罩的普通荧光灯和各种彩色荧光灯、异形的高效节能荧光灯等。

五、园林建筑照明

1. 实际案例展示

2. 施工要点

（1）照明方式　园林建筑照明分为整体照明、局部照明与混合照明三种方式。具体情况如下所述。

1）整体照明。它是为整个被照场所设置的照明。它不考虑局部的特殊需要，而将灯具均匀地分布在被照场所上空，适合于对光线投射方向无特别要求的地方，如公园的餐厅、接待室、办公室、茶室、游泳馆等处。

2）局部照明。它是在工作点附近或需要突出表现的照明对象周围，专门为照亮工作面或重点对象而设置的照明。它常设置在对光线方向性有特殊要求或对照度有较高要求之处，只照射局部的有限面积。如动物园笼舍的展区部分、公园游廊的入口区域、庙宇大殿中的佛像面前和突出建筑细部装饰的投射性照明等。

3）混合照明。它是由整体照明与局部照明结合起来共同组成的照明方式。在整体照明基础上，再对重点对象加强局部照明。这种方式有利于节约用电，在现代建筑室内照明设计中应用十分普遍，如在纪念馆、展览厅、会议厅、园林商店、游艺厅等处，就经常采用这种照明方式。

（2）风景（服务性）建筑内部照明　园林中一般的风景建筑和服务性建筑内部，多采用荧光灯和半直接型、均匀漫射型的白炽灯作为光源，使墙壁和顶棚都有一定亮度，整个室内空间照度分布比较均匀。干燥房间内，宜使用开启式灯具。潮湿房间中，则应采用瓷质灯头的开启式灯具；湿度较大的场所，要用防水灯头的灯具；特别潮湿的房间，则应该用防水密封式灯具。

（3）高大房间内部照明　高大房间可采用壁灯和顶灯相结合的布灯方案，而一般的房间则仍以采用顶灯照明为好。单纯用壁灯作房间照明时，容易使空间显得昏暗，还是不采用为好。高大房间内的灯具应该具有较好的装饰性，可采用一些优美造型的玻璃吊灯、艺术壁灯、发光顶棚、光梁、光带、光檐等来装饰房间。

在建筑室内布置灯具要注意：用直接型或半直接型的灯具布置时，要避免在室内物体旁形成阴影，就是面积不大的房间，也希望要安装2盏以上灯具，尽量消除阴影。

（4）公园大门和主体建筑照明　公园大门建筑和主体建筑如楼阁、殿堂、高塔等，以及水边建筑（如亭、廊、榭、舫等），常可进行立面照明，用灯光来突出建筑的夜间艺术形象。建筑立面照明的主要方法有：用灯串勾勒轮廓和用投光灯照射两种。

（5）建筑物轮廓线彩灯装置　沿着建筑物轮廓线装置成串的彩灯，能够在夜间突出园林建筑的轮廓。彩灯本身也显得光华绚丽，可增加环境的色彩氛围。这种方法耗电量很大，对建筑物的立体表现和细部表现不太有利，一般只作为园林大门建筑或主体建筑装饰照明所用；但在公园举行灯展、灯会活动时，这种方法就可用作普遍装饰园林建筑的照明方法。

（6）建筑立面照明　采用投光灯照射建筑立面，能够较好地突出建筑的立体性和细部表现；不但立体感强、照明效果好，而且耗电较小，有利于节约用电。这种方法一般可用在园林大门建筑和主体建筑的立面照明上。投光灯的光色还可以调整为绿色、蓝色、红色等，则建筑立面照明的色彩渲染效果会更好，色彩氛围和环境情调也会更浓郁。

对建筑照明立面的选择，一般应根据各建筑立面的观看概率多少来决定，即要以观看概率多的立面作为照明面。在建筑立面照明中，要掌握好照度的选择。照度大小应当按建筑物墙壁、门窗材料的反射系数和周围环境的亮度水平来决定。

六、园林灯光造景

1. 实际案例展示

2. 施工要点

园林的夜间形象主要是在园林固有景观的基础上，利用夜间照明和灯光造景来塑造的。夜间照明的方法已如上述，下面则主要讨论灯光造景的方法。

（1）用灯光强调主景　为了突出园林的主景或各个局部空间中的重要景点，可以采用直接型的灯具从前侧对着主景照射，使主景的亮度明显大于周围环境的亮度，从而鲜明突出地表现主景，强调主景。灯具不宜设在正前方，正前方的投射光对被照物的立面有一定削弱作用。一般也不设在主景的后面，若在后面，就将会造成眩光并使主景正面落在阴影中，不利于主景的表现；除非是特意为了用灯光来勾勒主景的轮廓，否则都不要从后面照射主景。园林中的雕塑、照壁、主体建筑等，常强调用以上方法进行照明。

在对园林主体建筑或重要建筑加以强调时，也可以采用灯光照射来实现。如果充分利用建筑物的形象特点和周围环境的特点，有选择地进行照明，就能够获得建筑立面照明的最大艺术效应。如建筑物的水平层次形状、竖向垂直线条、长方体形、圆柱体形等形状要素，都可以通过一定方向光线的投射、烘托而得到富于艺术性的表现。又如，利用建筑物近旁的水池、湖泊作为夜间一个黑色投影面，使被照明的建筑物在水中倒映出来，可获得建筑物与水景交相映衬的效果。或者，将投光灯设置在稀树之后，透过稀疏枝叶向建筑照射，可在建筑物墙面投射出许多光斑、黑影，也进一步增强了建筑物的光影表现。

（2）用色光渲染氛围　利用灯光对园林夜间景物以及园林空间进行照射赋色，能够很好地渲染氛围和夜间情调。这种渲染可以从地面、夜空和动态音画三个方面进行。

1）地面色光渲染。园林中的草坪、花坛、树丛、亭廊、曲桥、山石甚至铺装地面等，都可以在其边缘设置投射灯具，利用灯罩上不同颜色的透色片透出各色灯光，来为地面及其景物赋色。亭廊、曲桥、地面用各种色光都可以，但草坪、花坛、树丛则不能用蓝、绿色光，因为在蓝、绿色光照射下，生活的植物却仿佛成了人造的塑料植物，给人虚假的感觉。

2）夜空色光渲染。对园林夜空的色彩渲染有漫射型渲染和直射型渲染两种方式。漫射型渲染是用大功率的光源置于漫射性材料制作的灯罩内，向上空发出色光。这种方式的照射距离比较短，因此只能在较小范围内造成色光氛围。直射型渲染则是用方向性特强的大功率探照灯，向高空发射光柱。若干光柱相互交叉晃动、扫射。形成夜空中的动态光影景观。探照灯光一般不加色彩，若成为彩色光柱，则照射距离就会缩短了。对夜空进行色光渲染，在灯具上还可以做些改进，加上一些旋转、摇摆、闪烁和定时亮灭的功能，使夜空中的光幕、光柱、光带等具有各种形式的动态效果。

3）动态音画渲染。在园景广场、公园大门内广场以及一些重点的灯展场地，采用巨型电视屏播放电视节目、园景节目或灯展节目，以音画结合的方式来渲染园林夜景，能够增强园林夜景的动态效果。此外，也可以对园林中一些照壁或建筑山墙墙面，进行灯光投影，在墙面投影出各种图案、文字、动物、人物等简单的形象，可以进一步丰富园林夜间景色。

七、园林灯光造型

1. 实际案例展示

2. 施工要点

灯光、灯具还有装饰和造型的作用。特别是在灯展、灯会上，灯的造型千变万化，绚丽多彩，成了夜间园林的主要景观。

（1）装饰彩灯造型　用各种形状的微光源和各色彩灯以及定时亮灭灯具，可以制成装饰性很强的图形、纹样、文字及其他多种装饰物。

1）装饰灯的种类。专供装饰造型用的灯饰种类还比较多，下面列举其中一些比较常见者。

① 满天星。是用软质的塑料电线间隔式地串联起低压微型灯泡，然后接到220V 电源上使用。这种灯饰价格低、耗电少、灯光繁密，能组成光丛、光幕和光塔等。

② 美耐灯。商业名称又称为水管灯、流星灯、可塑电虹灯等，是将多数低压微型灯泡按2.5cm 或5cm 的间距串联起来，并封装于透明的彩色塑料软管内制成的装饰灯。如果配以专用的控制器，则可以实现灯光明暗、闪烁、追逐等多种效果。在灯串中如有一两个灯泡烧坏，电路能够自动接通，不影响其他灯泡发光，在制作灯管图案时，可以根据所需长度在管外特殊标记处剪断；如果需要增加长度，也可使用特殊连接件做有限的加长。

③ 小带灯。是以特种耐用微型灯泡在导线上连接成串，然后镶嵌在带形的塑料内做成的灯带。灯带一般宽 10cm，额定电压有 24V 和 22V 两种。小带灯主要用于建筑、大型图画和商店橱窗的轮廓显示，也可以拼制成简单的直线图案作环境装饰用。

④ 电子扫描霓虹灯。这也是一种线形装饰灯，是利用专门的电子程序控制器来做发光控制，使灯管内发光段能够平滑地伸缩、流动，动态感很强，可作图案装饰用。这种灯饰要根据设计交由灯厂加工定做，市面上难以购到合用的产品。

⑤ 变色灯。在灯罩内装有红、绿、蓝三种灯泡，通过专用的电子程序控制器控制三种颜色灯泡的发光，在不同颜色灯泡发光强弱变化中实现灯具的不断变色。

⑥ 彩虹玻璃灯。这种灯饰是利用光栅技术开发的，可以在彩虹玻璃灯罩内产生色彩缤纷的奇妙光效果，显得神奇迷离，灿烂夺目。

2）图案与文字造型。用灯饰制作图案与文字，应采用美耐灯、霓虹灯等管状的易于加工的装饰灯。先要设计好图案和文字，然后根据图案文字制作其背面的支架，支架一般用钢筋和角钢焊接而成。将支架焊稳焊牢之后，再用灯管照着设计的图样做出图案和文字来。为了以后更换烧坏的灯管方便，图样中所用灯管的长度不必要求很长，短一点的灯管多用几根也是一样的。由于用作图案文字造型的线形串灯具有管体柔软、光色艳丽、绝缘性好、防水节能、耐寒耐热、适用环境广、易于安装和维护方便等优点，因而在字形显示、图案显示、造型显示和轮廓显示等多种功能中应用十分普遍。

3）装饰物造型。利用装饰灯还可以做成一些装饰物，用来点缀园林环境。例如，用满天星串灯，组成一条条整齐排列的下垂的光串，可做成灯瀑布，布置于园林环境中或公共建筑的大厅内，能够获得很好的装饰效果。在园路路口、桥头、亭子旁、广场边等环境中，可以在 4 ~7m 高的钢管灯柱顶上，安装许多长度相等的美耐灯软管，从柱顶中心向周围披散展开，组成如椰子树般的形状，这是灯树。用不同颜色的灯饰，还可以组合成灯拱门、灯宝塔、灯花篮、灯座钟、灯涌泉等多姿多彩的装饰物。

（2）灯展中的灯组造型　在公园内举办灯展灯会，不但要准备许许多多造型各异的彩灯灯饰，而且还要制作许多大型的造型灯组。每一灯组都是由若干的造型灯形象构成的。在用彩灯制作某种形象时，一般先要按照该形象的大致形状做出骨架模型，骨架材料的选择视该形象体量的大小轻重而定。大而重的要用钢筋、钢丝焊接做成骨架；小而轻的则可用竹木材料编扎、捆绑成为骨架。骨架做好后，进行蒙面或铺面工作。蒙面或铺面的材料多种多样；常用的有色布、绢绸、有色塑料布、油布、碗碟、针药瓶、玻璃片等，也有直接用低压灯泡的。如果是供室内展出的灯组，还可以用彩色纸作为蒙面材料。灯组造型所用题材范围十分广泛。有反映工农业生产成就和科技成果的，如“城乡新貌”“花果农庄”“人造卫星”等。有表达地方民情风俗的，如“侗乡风雨桥”“巴蜀女儿节”等。有民间工艺品题材的，如宫灯、跑马灯、风车灯、花篮灯、彩船灯等。有历史、宗教、神话、传说题材的，如三国故事、观音菩萨、大肚罗汉、西游记故事、大禹治水、愚公移山等。有艺术题材的，如“红楼梦”人物、“西厢记”人物、“白毛女”、“红色娘子军”等；有塑造动植物或塑造幻想动物形象的，如荷花灯、芙蓉灯、牡丹灯、桃花灯、迎客松、长生果、孔雀开屏、丹凤朝阳、二龙戏珠、仙鹤、雄狮、大熊猫以及十二生肖动物等。

（3）激光照射造型　在应用探照灯等直射光源以光柱照射夜空的同时，还可以使用新型的激光射灯，在夜空中创造各种光的形状。激光发射器可发出各种可见的色光，并且可随意变化光色。各种色光可以在天空中绘出多种曲线、光斑、图案、花形、人形甚至写出一些文字来，使园林的夜空显得无比奇幻和奥妙，具有很强的观赏性。

八、管线的架空敷设

1. 实际案例展示

2. 管线的架空敷设

在园林绿地中，为了减少工程管线对园林景观的破坏作用，就应当尽量不采用架空敷设管线的方式。但在不影响风景的边缘地带或建筑群之中，为了节约工程费用，也可以酌情架空敷设。采取架空敷设的管线，一般都要立起支柱或支架将管线架离地面。低压供电线路和电信线路就是采用电杆作支柱架空敷设的。其他一些管线则常常要设立支架进行敷设，如蒸汽管、压缩空气管等。支架可用钢筋混凝土或铁件制作，要稳定、牢固、可靠。管线架离地面敷设时，架设高度要根据管线的安全性、经济性和视觉干扰性来确定。管线架设不能过高，过高则会对园林空间景观形成破坏。架设高度也不能太低，太低则管线易受破坏，也容易造成人身安全事故。

3. 蒸汽管、热水管的架空敷设

一般要沿着园林边缘地带做低空架设，支架高1m左右。这种架设高度，有利于在旁边配植灌木进行遮掩。管道外表一般要包上厚厚的隔热材料，做成保温层。热力管道也可以利用围墙和隔墙墙顶作敷设依托，架设在墙上。管道架空敷设的费用要比埋地敷设低一些。

4. 弱电类的电信线路架空敷设

这类线路架空敷设比较自由，可用电杆架设。线路离地高3～5m，电杆的间距可为35m。

5. 低压电线的敷设

其敷设高度以两电杆之间电线下垂的最低点距绿化地面5m为准，人迹罕到的边缘地带可为4m，电线底部距其下的树木至少1m远；电线两侧与树木、建筑等的水平净距，至少也要有1m。电杆的间距可取30～50m。

6. 高压输电线路的敷设

视输送电压高低而设立高度不同的杆塔。35kV和110kV的高压线，杆塔标准高度为15.4m；220kV的高压线，用铁塔敷设，铁塔标准高23m。高压线与两旁建筑、树木之间的最小水平距离，35kV电线是6.5m，110kV电线是8.5m，220kV电线则是11.2m。高压线杆塔的间距：35kV的为150m，110kV的为200～300m。

7. 利用建筑的外墙墙面、额枋、挑枋等架空敷设

在建筑群内，利用建筑的外墙墙面、额枋、挑枋等，架空敷设入户低压电线是切实可行的。这样既解决了电线敷设问题，又省掉了架立电杆费用，减少了电杆对建筑景观的影响。但建筑群以外附近地带的电线敷设，还是应采用埋地形式。

九、管线的埋地敷设

1. 实际案例展示

2. 施工要点

埋地敷设应是园林管线主要的敷设方式。在园林中，各种给水管、排水管、热力管等管道，一般都敷设在地下；就是电力线和电信线，也常是采用铠装电缆直接埋入地下敷设。管线埋地敷设方式根据管线之上覆土深度的不同，又可分为深埋和浅埋两种情况。

（1）深埋是指管道上的覆土深度大于1.5m。

（2）浅埋是指覆土深度小于1.5m。

管道采用深埋还是采用浅埋，主要决定于下述条件：管道中是否有水？是否怕受寒冷冻害？土壤冰冻线的深度如何？

3. 埋地深度的确定

我国北方的土壤冰冻线较深，给水、排水、湿煤气管等含有水分的管道就应当深埋；而热力管道、电缆及其管道则不受冰冻的影响，就可浅埋。我国南方各地冬季土壤不受冰冻，或者冰冻线很浅，给水排水管等的埋设深度就可小于1.5m，采取浅埋的敷设方式。

第二章 假山与置石工程建设施工技术

一、假山放线与基础施工

1. 实际案例展示

2. 假山定位放线

（1）审阅图样 首先要仔细阅读领会假山工程设计图样和有关资料，并将假山工程设计图的意图看懂摸透，掌握山体形式和基础的结构，以便正确放样。其次，为了便于放样，要在平面图上按一定的比例尺寸，依工程大小或平面布置复杂程度，采用2m×2m、5m×5m或10m×10m的尺寸画出方格网，以其方格与山脚轮廓线的交点作为地面放样的依据，为实地放样做好准备。

（2）实地放样 在设计图方格网上，选择一个与地面有参照的可靠固定点，作为放样定位点，然后以此点为基点，按实际尺寸在地面上画出方格网；并对应图样上的方格和山脚轮廓线的位置，放出地面上的相应白灰轮廓线。为了便于基础和土方的施工，应在不影响堆土和施工的范围内，选择便于检查基础尺寸的有关部位，如假山平面的纵横中心线、纵横方向的边端线、主要部位的控制线等位置的两端，设置龙门桩或埋地木桩，以供挖土或施工时的放样白线被挖掉后，作为测量尺寸或再次放样的基本依据点。

3. 立基—假山的基础

“假山之基，约大半在水中立起。先量顶之高大，才定基之浅深。掇石须知占天，围土必然占地，最忌居中，更宜散漫。”（《园冶》）这说明掇山必先有成局在胸，才能确定假山基础的位置、外形和深浅。否则假山基础既起出地面之上，再想改变假山的总体轮廓，再想要增加很多高度或挑出很远就困难了。因为假山的重心不可能超出基础之外，重心不正即“稍有欹侧，久则逾欹，其峰必颓。”因此，理当慎之。

假山如果能坐落在天然岩基上当然是最理想的，否则都需要做基础。做法如下。

（1）桩基　桩基适用于水中的假山或山石驳岸，虽然是古老的基础做法，但至今仍有实用价值。

1）木桩多选用较为平直而又耐水湿柏木桩或杉木桩，木桩顶面的直径约在10～15cm。

2）平面布置按梅花形排列即“梅花桩”，桩边至桩边的距离约为20cm，其宽度视假山底脚的宽度而定；如做驳岸少则三排、多则五排；大面积的假山即在基础范围内均匀分布。

3）桩的长度或足以打到硬层，称为“支撑桩”；或用其挤实土壤，称为“摩擦桩”。桩长一般有一米多。

4）桩木顶端露出湖底十几厘米至几十厘米，其间用块石嵌紧，再用花岗石压顶；条石上面才是自然形态的山石，即“大块满盖桩顶”的做法。

5）条石应置于低水位线以下，自然山石的下部也在水位线下；这样不仅为了美观，也可减少桩木腐烂。

我国各地气候和土壤情况差别很大，做桩基也必须因地制宜。

（2）灰土基础

1）灰土基础一般“宽打窄用”，即其宽度应比假山底面积宽出约0.5m，保证假山的压力沿压力分布的角度均匀地传递到素土层。

2）灰槽深度一般为50～60m。

3）2m以下的假山一般是打一步素土、一步灰土。一步灰土即布灰30m，踩实到15cm，再夯实到10cm厚度左右。

4）2～4m高的假山用一步素土、两步灰土。

5）石灰一定要选用新出窑的块灰，在现场泼水化灰，灰土的比例采用3:7。

北京古典园林中位于陆地上的假山多采用灰土基础。因其地下水位一般不高、雨季比较集中，使灰土基础有比较好的凝固条件。灰土一经凝固便不透水，可以减少土壤冻胀的破坏。

（3）混凝土基础　近代的假山多采用浆砌块石或混凝土基础，这类基础耐压强度大，施工速度较快。

1）在基土坚实的情况下可利用素土槽灌溉，基槽宽度同灰土基础。

2）混凝土的厚度陆地上约为10～20cm，水中基础约为50cm，高大的假山酌加厚度。

3）陆地上选用不低于C10的混凝土，水泥、砂和卵石配合质量比为1:2:4～1:2:6。

4）水中假山基采用C15水泥砂浆砌块石，或C20的素混凝土做基础为妥。

二、基础的施工

1. 实际案例展示

2. 浅基础的施工

浅基础一般是在原地面上经夯实后而砌筑的基础。

浅基础的施工程序为：原土夯实→铺筑垫层→砌筑基础。

此种基础应事先将地面进行平整，清除高垄，填平凹坑，然后进行夯实，再铺筑垫层和基础。基础结构按设计要求严把质量关。

3. 深基础的施工

深基础的施工程序为：挖土→夯实整平→铺筑垫层→砌筑基础。

深基础是将基础埋入地面以下，应按基础尺寸进行挖土，严格掌握挖土深度和宽度，一般假山基础的挖土深度为 50～80cm，基础宽度多为山脚线向外 50cm。土方挖完后夯实整平，然后按设计铺筑垫层和砌筑基础。

4. 桩基础

桩基础的施工程序为：打桩→整理桩头→填塞桩间垫层→浇筑桩顶盖板。

桩基础多为短木桩或混凝土桩打入土中而成，在桩打好后，应将打毛的桩头锯掉，再按设计要求，铺筑桩子之间的空隙垫层并夯实，然后浇筑混凝土桩顶盖板或浆砌块石盖板，要求浇实灌足。

三、假山山脚施工

1. 实际案例展示

2. 拉底

拉底就是在基础上铺置最底层的自然山石，因为这层山石大部分在地面以下，只有小部分露出地面以上，并不需要形态特别好的山石。但它是受压最大的自然山石层，要求有足够的强度，因此宜选用顽劣的大石拉底。古代匠师把“拉底”看作叠山之本，因为假山空间的变化都立足于这一层。如果底层未打破整形的格局，则中层叠石也难于变化。底石的材料要求大块、坚实、耐压，不允许用风化过度的山石拉底。

（1）拉底的方式　拉底的方式有满拉底和线拉底两种。

1）满拉底。就是将山脚线范围之内用山石满铺一层。这种方式适用于规模较小、山底面积不大的假山，或者有冻胀破坏的北方地区及有震动破坏的地区。

2）线拉底。就是按山脚线的周边铺砌山石，而内空部分用乱石、碎砖、泥土等填补筑实。这种方式适用于底面积较大的大型假山。

（2）拉底的技术要点

1）底脚石应选择石质坚硬、不易风化的山石。

2）每块山脚石必须垫平垫实，用水泥砂浆将底脚空隙灌实，不得有丝毫摇动感。

3）各山石之间要紧密啮合，互相连接形成整体，以承托上面山体的荷载分布。

4）拉底的边缘要错落变化，避免做成平直和浑圆形状的脚线。

（3）拉底技术要求

1）统筹向背。根据立地的造景条件，特别是游览路线和风景透视线的关系，统筹确定假山的主次关系。根据主次关系安排假山组合的单元，从假山组合单元的要求来确定底石的位置和发展的体势。要精于处理主要视线方向的画面以作为主要朝向，然后再照顾到次要的朝向，简化地处理那些视线不可及的一面。扬长避短，面面俱到。

2）曲折错落。假山底脚的轮廓线一定要打破一般砌直墙的概念，要破平直为曲折、变规则为错落。在平面上要形成具有不同间距、不同转折半径、不同宽度、不同角度和不同支脉的变化。或为斜八字形、或为各式曲尺形。有的转势缓、有的转势急，曲折而置、错落相安，为假山的虚实、明暗的变化创造条件。

3）断续相间。假山底石所构成的外观不是连绵不断的，要为中层做出“十脉既毕，余脉又起”的自然变化做准备。因此在选材和用材方面要灵活运用，或因需要选材、或因材施用。用石之大小和方向要严格地按照皴纹的延展来决定，大小石材成不规则的相间关系安置。或小头向下渐向外挑，或相邻山石小头向上预留空档以便往上卡接，或从外观上做出“下断上连”“此断彼连”等各种变化。

4）紧连互啮。外观上要有断续的变化而结构上却必须一块紧连一块，接口力求紧密，最好能互相啮住，要尽可能争取做到“严丝合缝”。因为假山的结构是“集零为整”，结构上的整体性最为重要，它是影响假山稳定性的又一重要因素。假山外观所有的变化都必须建立在结构上重心稳定、整体性强的基础上。实际上山石水平向之间是很难完全自然地紧密相连的，这就要借助于小块的石头打入石间的空隙部分，使其互相啮住、共同制约，最后连成整体。

5）垫平安稳。基石大多数都要求以大而水平的面向上，这样便于继续向上垒接。为了保持山石上面水平，常需要在石之底部用“刹片”垫平以保持重心稳定。北京假山师傅掇山多采用满拉底石的办法，在假山的基础上满铺一层；而南方一带没有冻胀的破坏，常采用先拉周边底石再填心的办法。

3. 起脚

拉底之后，开始砌筑假山山体的首层山石层称为“起脚”。

（1）起脚边线的做法　起脚边线的做法常用的有点脚法、连脚法和块面法。

1）点脚法。即在山脚边线上，用山石每隔不同的距离作墩点，用片块状山石盖于其上，做成透空小洞穴。这种做法多用于空透型假山的山脚。

2）连脚法。即按山脚边线连续摆砌弯弯曲曲、高低起伏的山脚石，形成整体的连线山脚线。这种做法各种山形都可采用。

3）块面法。即用大块面的山石，连线摆砌成大凸大凹的山脚线，使凸出凹进部分的整体感都很强。这种做法多用于造型雄伟的大型山体。

（2）起脚的技术要求

1）起脚石应选择憨厚实在、质地坚硬的山石。

2）砌筑时先砌筑山脚线凸出部位的山石，再砌筑凹进部位的山石，最后砌筑连接部位的山石。

3）假山的起脚宜小不宜大、宜收不宜放。即起脚线一定要控制在山脚线的范围以内，宁可向内收进一点，而不要向外扩出去。因起脚过大会影响砌筑山体的造型，形成臃肿、呆笨的体态。

4）起脚石全部摆砌完成后，应将其空隙用碎砖石填实灌浆，或填筑泥土打实，或浇筑混凝土筑平。

5）起脚石应选择大小相间、形态不同、高低不等的料石，使其犬牙交错，相互首尾连接。

（3）做脚　上述拉底是做山脚的轮廓，起脚是做山脚的骨干，而做脚是对山脚的装饰，即用山石装点山脚的造型称为“做脚”。山脚造型一般是在假山山体的山势大体完成之后所进行的一种装饰，其形式有：凹进脚、凸出脚、断连脚、承上脚、悬底脚和平板脚等。

1）凹进脚。即山脚向山内凹进，可做成深浅宽窄不同的凹进，使脚坡形成直立、陡坡、缓坡等不同的坡形效果。

2）凸出脚。即山脚向外凸出，同样可做成深浅宽窄不同的凸出，使脚坡形成直立、陡坡等形状。

3）断连脚。将山脚向外凸出，但凸出的端部做成与起脚石似断似连的形式。

4）承上脚。即对山体上方的悬垂部分，将山脚向外凸出，做成上下对应造型，以衬托山势变化、遥相呼应的效果。

5）悬底脚。即在局部地方的山脚，做成低矮的悬空透孔，使之与实脚体构成虚实对比的效果。

6）平板脚。即用片状、板状山石，连续铺砌在山脚边缘，做成如同山边小路，以突出假山上下的横竖对比。

四、山石结体

1. 实际案例展示

2. 山石结体的基本形式

假山虽有峰、峦、洞、壑等各种组合单元的变化，但就山石相互之间的结合而言却可以概括为十多种基本的形式，这就是在假山师傅中有所流传的“字诀”。如北京的“山子张”张蔚庭老先生曾经总结过“十字诀”即安、连、接、斗、挎、拼、悬、剑、卡、垂，此外，还有挑、飘、戗等。江南一带则流传九个字，即叠、竖、垫、拼、挑、压、钩、挂、撑。两相比较，有些是共有的字，有些即使称呼不一样但实际上是一个内容。由此可见我国南北的匠师同出一源、一脉相承，大致是从江南流传到北方，并且互有交流。

（1）安　放置一块山石称为“安”一块山石，特别强调这块山石放下去要安稳。其中又分单安、双安和三安。双安是指在两块不相连的山石上面安一块山石，下断上连，构成洞、岫等变化。三安则是于三石上安一石，使之形成一体。安石又强调要“巧安”，即本来这些山石并不具备特殊的形体变化，而经过安石以后可以巧妙地组成富于石形变化的组合体。苏州某些假山师傅把三安当做布局、取势和构图的要领，说三安是把山的组合划分为主、次、配三个部分，每座山及其局部也可依次三分，一直可以分割到单块的石头。认为这样既可着眼于远观的总体效果，又注意到每个局部的近看效果，使之具有典型的自然变化。

（2）连　山石之间水平向衔接称为“连”。它要求从假山的空间形象和组合单元来安排，要“知上连下”，从而产生前后左右参差错落的变化，同时又要符合皴纹分布的规律。

（3）接　山石之间竖向衔接称为“接”。它既要善于利用天然山石的茬口，又要善于补救茬口不够吻合的所在。最好是上下茬口互啮，同时不因相接而破坏了石的美感。接石要根据山体部位的主次依皴结合。一般情况下是竖纹和竖纹相接、横纹和横纹相接。但有时也可以以竖纹接横纹，形成相互间既有统一又有对比衬托的效果。

（4）斗　置石成向上拱状，两端架于二石之间，腾空而起称为“斗”。若自然岩石的环洞或下层崩落形成的孔洞。北京故宫乾隆花园等一进庭院东部偏北的石山上，可以明显地看到这种模拟自然的结体关系。一条山石蹬道从架空的谷间穿过，为游览增添了不少险峻的气氛。

（5）挎　如山石某一侧面过于平滞，可以旁钩挂一石以全其美，称为“挎”。挎石可利用茬口啮压或上层镇压来稳定，必要时加钢丝绕定，钢丝要藏在石的凹纹中或用其他方法加以掩饰。

（6）拼　在比较大的空间里，因石材太小，单独安置会感到零碎时，可以将数块以至数十块山石拼成一整块山石的形象，这种做法称为“拼”。如在缺少完整石材的地方需要特置峰石，也可以采用拼峰的办法。例如南京莫愁湖庭院中有两处拼峰特置，上大下小、有飞舞势，俨然一块完整的峰石，但实际上是数十块零碎的山石拼缀成的。

（7）悬　在下层山石内倾环拱形成的竖向洞口下，插进一块上大下小的长条形的山石。由于上端被洞口扣住，下端便可倒悬当空。这种结体方法称为“悬”。多用于湖石类的山石模仿自然钟乳石的景观。黄石和青石也有“悬”的做法，但在选材和做法上区别于湖石。它们所模拟的对象是竖纹分布的岩层，经风化后部分沿节理面脱落所剩下的倒悬石体。

（8）剑　以竖长形象取胜的山石直立如剑的做法，峭拔挺立、有刺破青天之势，多用于各种石笋或其他竖长的山石。这种结体方法称为“剑”。北京西郊所产的青云片也可剑立。现存海淀礼王府中的庭园以青石为剑，很富有独特的性格。立“剑”可以造成雄伟昂然的景象，也可以做成小巧秀丽的景象。因境出景，因石制宜。作为特置的剑石，其地下部分必须有足够的长度以保证稳定。一般石笋或立剑都宜自成独立的画面，不宜混杂于他种山石之中，否则很不自然。就造型而言，立剑要避免“排如炉烛花瓶，列似刀山剑树”，假山师傅立剑最忌“山、川、小”，即石形像这几个字那样对称排列就不会有好效果。

（9）卡　下层由两块山石对峙形成上大下小的楔口，再于楔口中插入上大下小的山石，这样便正好卡于楔口中而自稳。这种结体方法称为“卡”。承德避暑山庄烟雨楼侧的峭壁山，以“卡”做成峭壁山顶，结构稳定、外观自然。

（10）垂　从一块山石顶面偏侧部位的企口处，用另一山石倒垂下来的做法称为“垂”。

“悬”和“垂”很容易混淆，但它们在结构上受力的关系是不同的。

（11）挑　又称“出挑”，即上石借下石支承而挑伸于下石之外侧，并用数倍重力镇压于石山内的做法。假山中之环、岫、洞、飞梁，特别是悬崖都基于这种结体的形式。挑有单挑、担挑和重挑之分。如果挑头轮廓线太单调，可以在上面接一块石头来弥补，这块石头称为“飘”。挑石每层约出挑相当于山石本身1/3的长度。从现存园林作品中来看，出挑最多的约有两米多。“挑”的要点是求浑厚而忌单薄，要挑出一个面来才显得自然。因此，要避免成直线地向一个方向挑。再就是巧安后坚的山石，使观者但见“前悬”而不一定观察到后坚用石；在平衡质量时应把前悬山石上面站人的荷重也估计进去，使之“其状可骇”而又“万无一失”。

（12）戗　或称撑，即用斜撑的力量来稳固山石的做法。要选取合适的支撑点，使加撑后在外观上形成脉络相连的整体。扬州个园的夏山洞中，做“撑”以加固洞柱并有余脉之势，不但统一地解决了结构和景观的问题，而且利用支撑山石组成的透洞采光，很合乎自然之理。

应当着重指出的是，以上这些结体的方式都是从自然山石景观中归纳出来的。例如苏州天平山“万笏朝天”的景观就是“剑”所宗之本，云南石林之“千钧一发”就是“卡”的自然景观，苏州大石山的“仙桥”就是“撑”的自然风貌等。因此，不应把这些字诀当成僵死的教条或公式，否则便会给人矫揉造作的印象。

3. 山石结体的施工要领

假山山体是整个假山全景的主要观赏部位，即底石以上、顶层以下的部分，这是占体量最大、触目最多的部分。用材广、单元组合和结构变化多端，可以说是假山造型的主要部分。其要点除了底石所要求平稳等方面以外，尚须做到以下几方面。

（1）接石压茬　山石上下的衔接要求严密，上下石相接时除了有意识地大块面闪进以外，避免在下层石上面闪露一些很破碎的石面。假山师傅称为“避茬”，认为“闪茬露尾”会失去自然气氛而流露出人工的痕迹，这也是皴纹不顺的一种反映。但这也不是绝对的，有时为了做出某种变化，故意预留石茬，待更上一层时再压茬。

（2）偏侧错安　即力求破除对称的形体，避免成四方形、长方形、正品形或等边、等角三角形。要因偏得致、错综成美，要掌握各个方向呈不规则的三角形变化，以便为向各个方向的延展创造基本的形体条件。

（3）仄立避“闸”　山石可立、可蹲、可卧，但不宜像闸门板一样仄立。仄立的山石很难和一般布置的山石相协调，而且往上接山石时接触面往往不够大，因此也影响稳定。但这也不是绝对的，自然界也有仄立如闸的山石，特别是作为余脉的卧石处理等。但要求用得很巧，有时为了节省石材而又能有一定高度，可以在视线不可及之处以仄立山石空架上层山石。

（4）等分平衡　拉底石时平衡问题表现不显著，掇到中层以后，平衡的问题就很突出了。《园冶》所谓“等分平衡法”和“悬崖使其后坚”是此法的要领。如理悬崖必一层层地向外挑出，这样重心就前移了。因此必须用数倍于“前沉”的重力稳压内侧，把前移的重心再拉回到假山的重心线上。

五、山石水景施工

1. 实际案例展示

2. 施工要点

山石水景包括泉、瀑、潭、溪、屿、矶、岸、汀等，它们都与山石相配才能生景，山水组合，刚柔并济，动静交呈，相得益彰。在这些水景中如何布置山石，是叠置假山应注意的地方。

（1）水池的置石点缀　在水池内布置山石，要避免将山石布置在池的正中，应布置在稍偏或稍后的位置上，要突破池壁的限制，或近池壁内侧，或滚落于池壁以外伏于地上，或垮在池壁上面，以造就出怪石嶙峋的自然景观。

山石的高度要与环境空间和水池的体量相称，一般与水池的长向半径相当；如在环境空旷处，其最高峰的高度约与水池长向直径相当。

水池中的山石应有主、次、配的区分，少用孤峰单石，多用两元体的结合。最忌用山石按几何形状做水池的边壁。

（2）山石驳岸的布置　驳岸是地面与水体的连接点，无论泉、瀑、溪、涧、池、湖，都有驳岸的问题，因此，驳岸也是影响水景的主要因素之一。

驳岸的平面布置最忌成几何对称形状，对一般呈不同宽度的带状溪涧，应布置成回转曲折于两池湖之间，互为对岸的岸线要有争有让，少量峡谷则对峙相争，切忌猪肚鸡肠一类的呆板造型。水面要有聚散变化，分割应不均匀。旷远、深远和迷远要兼顾。

水弯的距离和转弯的半径要有变化，宜堤则堤，宜岛则岛，半岛出岬，全岛环水。总之溪涧的宽窄变化，都会造成丰富的水景效果。山石驳岸的断面也要善于变化，应使其具有高低、宽窄、虚实和层次的变化，如高崖据岸、低岸贴水、直岸上下、坡岸陂陀、水岫涵虚、石矶伸水、虚洞含礁、礁石露水等。岫即不通之洞，水岫有大小、广狭、长扁之变化，造成明暗对比，使人见不到水岸相接之处而有不尽和无穷之意。

(3) 汀石和石矶的布置　汀石即水中步石，在自然界为露出水面的礁石。汀石的布置要以少胜多，若在水体之狭处点步石，最多三至五块，应大小不一间距不等。如果要在水面宽处点步石，也不要排如长蛇，多如星点，应自两岸出半岛以缩短水面距离，然后一蹴而就。最忌数量多、块步均匀和间距相等的毛病。

石矶为岸边凸出的山石如熨斗状平伸入水的景观，大可成岗，小仅一石。石矶布置应与岸线斜交为宜，要选用具有多水平层次的山石，以适应不同水位的景观，数量以少为贵。

(4) 瀑与潭的布置　天然瀑布总在谷壑之中，因此，人工瀑布宜选在旁高中底的山谷中，瀑口两旁稍高则有谷间汇水的意味。瀑口的不同形式，可形成匹落（又称布瀑）、片落（又称带瀑）、丝落（又称线瀑）三种。

瀑布下泻要有陡有缓，陡处悬空，而缓处顺石坡面下滑。同一瀑布也可分层跌落而兼容三落。假山瀑布的瀑口和分水石最好选用山石而做，而分水又忌均分，以造成近似天然景观的气氛。不过要做成匹落，瀑口的边沿应光滑平整，这样形成的瀑布像一匹透明的布帘垂落而下。其他片落和丝落可安排不等距离的分水石而成。

潭是指小面积的深水塘，瀑布下落之处即为潭。对于人工瀑布而言，潭是瀑布的消力池。为了丰富水景，可在潭中出石承接下泻的瀑布，以形成千溅扑面、捣珠碎玉和喷雪飞雾的水景，这种石称为“溅水石”。也可在潭中作“承水石”于水面以下，使瀑布下落后不以溅水为主而冲入水下形造水音。承水石如钵状，钵之大小、深浅、厚薄和埋深，都可影响水音之大小、亮闷、高低而造成不同的音响效果。

六、收顶

1. 实际案例展示

2. 施工要点

即处理假山最顶层的山石。从结构上讲，收顶的山石要求体量大的，以便合凑收压。从外观上看，顶层的体量虽不如中层大，但有画龙点睛的作用。因此要选用轮廓和体态都富有特征的山石。收顶一般分峰、峦和平顶三种类型。峰又可分为剑立式（上小下大，竖直而立、挺拔高矗）、斧立式（上大下小，形如斧头侧立、稳重而又有险意）、流云式（横向挑伸，形如奇云横空、参差高低）、斜劈式（势如倾斜山岩，斜插如削、有明显的动势）、悬垂式（用于某些洞顶，尤如钟乳倒悬、滋润欲滴、以奇制胜）。其他如莲花式、笔架式、剪刀式等，不胜枚举。所有这些收顶的方式都在自然地貌中有本可寻。收顶往往是在逐渐合凑的中层山石顶面加以重力的镇压，使重力均匀地分层传递下去。往往用一块收顶的山石同时镇压下面几块山石。如果收顶面积大而石材不够整时，就要采取“拼凑”的手法，并用小石镶缝使成一体。

3. 假山洞结构

在叠石造山中，洞为取阴部分。所谓“别有洞天”“洞天福地”“曲径通幽”“无山不洞、无洞不奇”等，对于创造幽静和深远的境界是十分重要的。

山洞是山体造型的主要形式，根据结构受力不同，假山洞的结构形式主要有以下几种。

（1）梁柱式　一般假山洞的结构为梁柱式，由柱和墙两部分组成。柱承受力而墙承受的荷载不大，因此洞墙部分可用作开辟采光和通风的自然窗门。从平面上看，柱是点，同侧柱点的自然连线即洞壁，壁线之间的通道即是洞。有不少梁柱式假山洞都采用花岗岩条石为梁，或间有“铁扁担”加固。这样虽然满足了结构上的要求，但洞顶外观极自然，洞顶和洞壁不能融为一体。即便加以装饰，也难求全。圆明园和乾隆花园中有不少假山洞都以自然山石为梁，外观就稍好一些。

一般地基上做假山洞，大多筑两步满打灰土，基础两边比柱和壁的外缘略宽出不到1m，承重量特大的石柱还可以在灰土下面加桩基。这种整体性很强的灰土基础，可以防止因不均匀沉陷造成局部坍倒，甚至牵扯全局的危险。

（2）挑梁式（或称叠涩式）　假山洞的另一结构形式为“挑梁式”或称“叠涩式”，即石柱渐起渐向山洞内侧挑伸，至洞顶用巨石压合。如苏州明代之洽隐园水洞、圆明园武陵春色之桃花洞都属于这一类结构，这是吸取桥梁中之“叠涩”或称“悬臂桥”的做法。圆明园武陵春色之桃花洞，巧妙地于假山洞上结土为山，既保证了结构上“镇压”挑梁的需要，又形成假山跨溪、溪穿石洞的奇观。

（3）券拱式　清代出现了由戈裕良创造的券拱式的假山洞结构，其承重是逐渐沿券成环拱挤压传递，顶、壁一气，整体感强，因此不会出现梁柱式石梁压裂、压断的危险。现存苏州环秀山庄之太湖石假山出自戈氏之手，其中山洞无论大小均采用券拱式结构，戈氏此举实为假山洞结构之革新。

另外，假山洞的结构也有互通之处，形成复合式结构。北京乾隆花园的假山洞在梁柱式的基础上，选拱形山石为梁，局部采用挑梁式等。一般来说，黄石、青石等成墩状的山石宜采用梁柱式结构；天然的黄石山洞也是沿其相互垂直的节理面崩落、坍陷而成；湖石类的山石宜采用券拱式结构；具有长条而成薄片状的山石当以挑梁式结构为宜。

假山洞结构还有单洞和复洞之分、水平洞和爬山洞之分、单层洞和多层洞之分、旱洞和水洞之分。复洞是单洞的分枝延伸，爬山洞具有上下坡的变化。圆明园紫碧山房尚可见坍塌的爬山洞，即洞柱、洞顶、洞底均随坡势升降。北海琼华岛北面之假山洞兼有复洞、单洞、爬山洞的变化，地既广而景犹深。尤其和园林建筑巧妙地组合成一个富于变化的风景序列，洞口掩映于亭、屋中，沿山形而曲折蜿蜒、顺山势而起伏、时出时没，变化多端。多层洞可见于扬州个园秋山之黄石山洞，洞分上、中、下三层，中层最大，结构上采用螺旋上升的办法。苏州洽隐园仿洞庭西山之林屋洞建“小林屋洞”，水洞和旱洞结为一体，水源成伏流自洞壁流出，在洞中积水为潭，并有排水沟道从地下排出，以保持水的流动和卫生；洞分东西两部分，洞口北向，自东洞口水池跨入，环池石板折桥紧贴水面，洞顶有钟乳下垂；桥尽，折西南石级转入西边的旱洞而出。此作为明末画家周秉忠设计，立意新颖、结构精巧，为国内水洞之佳例。

假山洞利用洞口、洞间天井和洞壁采光洞采光，采光孔洞兼作通风。采光洞口皆坡向洞外，使之进光不进水。洞口和采光孔都是控制明暗变化的主要手段。环秀山庄利用湖石自然透洞安置在比较低的洞壁位置上，使洞内地下稍透光，有现代“地灯”的类似效果，其洞府地面的西南角又有小洞可通水池。这一方面可作采水面反光之用，同时也可排除洞内积水。承德避暑山庄“文津阁”的假山洞坐落池边，洞壁之弯月形采光洞正好倒映池中，洞暗而“月”明，俨如水中映月而白昼不去，可谓匠心独运。

至于下洞上亭之结构，所见两种。一种为洞和亭的柱重合，重力沿亭柱至洞柱再传到基础上去，由于洞柱混于洞壁中而不甚显。如避暑山庄“烟雨楼”假山洞和翼亭的结构，另一种是洞与亭貌似上下重合而实际上并不重合。如静心斋之“枕峦亭”，亭坐落于砖垛之上，洞绕砖垛边侧。由于砖垛以山石包镶，犹如洞在亭下一般。下洞上亭之法，亭因居洞上而增山势，洞因亭覆而防止雨水渗透。

第三章　水体与水景工程建设施工技术

第一节　水体驳岸护坡工程

一、驳岸的结构类型及施工

1. 实际案例展示

2. 施工要点

（1）砌石类驳岸

1）砌石类驳岸结构是指在天然地基上直接砌筑的驳岸，特点是埋设深度不大，基址坚实稳固。如块石驳岸中的虎皮石驳岸、条石驳岸、假山石驳岸等。此类驳岸的选择应根据基址条件和水景景观要求而定，既可处理成规则式，也可做成自然式。

砌石类驳岸的常见构造由基础、墙身和压顶三部分组成，如图3-1所示。基础是驳岸承重部分，并通过它将上部重量传给地基。因此，驳岸基础要求坚固，埋入湖底深度不得小于50cm，基础宽度应视土壤情况而定，砂砾土0.35～0.4h，砂壤土0.45h，湿砂0.5～0.6h，饱和水壤土0.45h。墙身是基础与压顶之间部分，承受压力最大，包括垂直压力、水的水平压力及墙后土壤侧压力。为此，墙身应具有一定的厚度，墙体高度要以最高水位和水面浪高来确定，岸苫应以贴近水面为好，便于游人亲近水面，并显得蓄水丰盈饱满。压顶为驳岸边最上部分，宽度30～50cm，用混凝土或大块石做成。其作用是增强驳岸稳定，美化水岸线，阻止墙后土壤流失。

如果水体水位变化较大，即雨季水位很高，平时水位很低，为了岸线景观起见，可将岸壁迎水面做成台阶状，以适应水位的升降。

2）砌石类驳岸施工。施工前应进行现场调查，了解岸线地质及有关情况，作为施工时的参考。

① 放线。布点放线应依据设计图上的常水位线，确定驳岸的平面位置，并在基础两侧各放线。

② 挖槽。一般由人工开挖，工程量较大时也可采用机械开挖。为了保证施工安全，对需要施工坡的地段，应根据规定放坡。

③ 夯实地基。开槽后应将地基夯实，遇土层软弱时需进行加固处理。

④ 浇筑基础。一般为块石混凝土，浇筑时应将块石分隔，不得互相靠紧，也不得置于边缘。

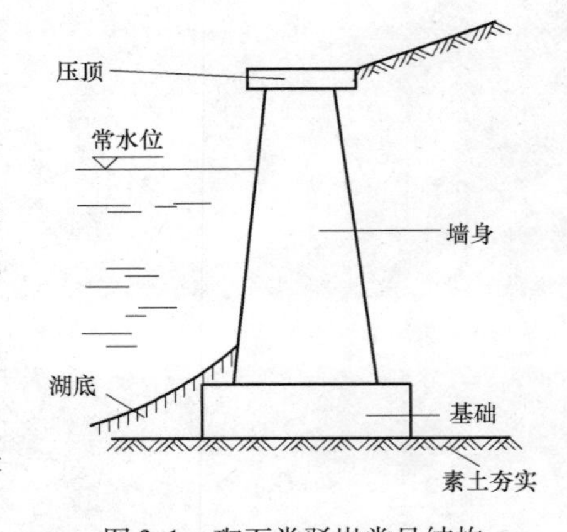

图3-1 砌石类驳岸常见结构

⑤ 砌筑岸墙。浆砌块石岸墙墙面应平整、美观，要求砂浆饱满，勾缝严密。隔25～30m做伸缩缝，缝宽3cm，可用板条、沥青、石棉绳、橡胶、止水带或塑料等防水材料填充。填充时应略低于砌石墙面，缝用水泥砂浆勾满。如果驳岸有高差变化，应做沉降缝，确保驳岸稳固，驳岸墙体应于水平方向2～4m、竖直方向1～2m处预留泄水孔，口径为120mm×120mm，便于排除墙后积水，保护墙体。也可于墙后设置暗沟、填置砂石排除积水。

⑥ 砌筑压顶。可采用预制混凝土板块压顶，也可采用大块方整石压顶。顶石应向水中至少挑出5～6cm，并使顶面高出最高水位50cm为宜。

（2）桩基类驳岸

1）桩基驳岸结构。桩基是我国古老的水工基础做法，在水利建设中得到广泛应用，直至现在仍是常用的一种水工地基处理手法。当地基表面为松土层且下层为坚实土层或基岩时最宜用桩基。其特点是：基岩或坚实土层位于松土层下，桩尖打下去，通过桩尖将上部荷载传给下面的基岩或坚实土层；若桩打不到基岩，则利用摩擦桩，借木桩侧表面与泥土间的摩擦力将荷载传到周围的土层中，以达到控制沉陷的目的。

桩基驳岸由桩基、卡当石、盖桩石、混凝土基础、墙身和压顶等几部分组成。卡当石是桩间填充的石块，起保持木桩稳定作用。盖桩石为桩顶浆砌的条石，作用是找平桩顶以便浇筑混凝土基础。基础以上部分与砌石类驳岸相同。

桩基的材料，有木桩、石桩、灰土桩和混凝土桩、竹桩、板桩等。木桩要求耐腐、耐湿、坚固、无虫蛀，如柏木、松木、橡树、桑树、榆树、杉木等。桩木的规格取决于驳岸的要求和地基的土质情况，一般直径10～15cm，长1～2m，弯曲度（d/L）小于1%，且只允许一次弯。桩木的排列一般布置成梅花桩、品字桩、马牙桩。梅花桩、品字桩的桩距约为桩径的2～3倍，即5个桩/m^2；马牙桩要求桩木排列紧凑，必要时可酌增排数。

灰土桩是先打孔后填灰土的桩基做法，常配合混凝土用，适于岸坡水淹频繁木桩易腐的地方。混凝土桩坚固耐久，但投资较大。

竹桩、板桩驳岸是另一种类型的桩基驳岸。驳岸打桩后，基础上部临水面墙身由竹篱（片）或板片镶嵌而成，适于临时性驳岸。竹篱驳岸造价低廉、取材容易，施工简单，工期短，能使用一定年限，凡盛产竹子，如毛竹、大头竹、勤竹、撑篙竹的地方都可采用。施工时，竹桩、竹篱要涂上一层柏油，目的是防腐。竹桩顶端由竹节处截断以防雨水积聚，竹片镶嵌直顺紧密牢固。由于竹篱缝很难做得密实，这种驳岸不耐风浪冲击、淘刷和游船撞击，岸土很容易被风浪淘刷，造成岸篱分开，最终失去护岸功能。因此，此类驳岸适用于风浪小，岸壁要求不高，土壤较黏的临时性护岸地段。

2）桩基驳岸的施工参见砌石类驳岸的施工，如图3-2所示。

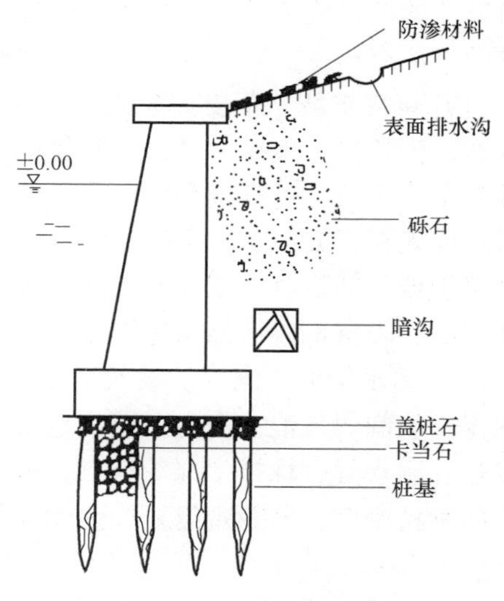

图3-2　桩基驳岸结构

二、护坡施工

1. 实际案例展示

2. 施工要点

护坡在园林工程中得到广泛应用，原因在于水体的自然缓坡能产生自然、亲水的效果。护坡方法的选择应依据坡岸用途、构景透视效果、水岸地质状况和水流冲刷程度而定。目前常见的方法有草皮护坡、灌木护坡、编柳抛石护坡和铺石护坡。

（1）草皮护坡　草皮护坡适于坡度在1:5～1:20的湖岸缓坡。护坡草种要求耐水湿，根系发达，生长快，生存力强，如假俭草、狗牙根等。护坡做法按坡面具体条件而定，如果原坡面有杂草生长，可直接利用杂草护坡，但要求美观。也有直接在坡面上播草种，加盖塑料薄膜；或先在正方砖、六角砖上种草，然后用竹签四角固定作护坡。最为常见的是块状或带状种草护坡，铺草时沿坡面自下而上成网状铺草，用木方条分隔固定，稍加压踩。若要增加景观层次、丰富地貌、加强透视感，可在草地散置山石，配以花灌木。

（2）灌木护坡　灌木护坡较适于大水面平缓的坡岸。由于灌木有韧性、根系盘结、不怕水淹，能削弱风浪冲击力，减少地表冲刷，因而护岸效果较好。护坡灌木要具备速生、根系发达、耐水湿、株矮常绿等特点，可选择沼生植物护坡。施工时可直播、可植苗，但要求较大的种植密度，若景观需要，强化天际线变化，可适量植草和乔木。

（3）编柳抛石护坡　采用新截取的柳条成十字交叉编织，编柳空格内抛填20～40cm厚的块石。块石下设10～20cm厚的砾石层以利于排水和减少土壤流失。柳格平面尺寸为0.3m×0.3m或1m×1m，厚度为30～50cm。柳条发芽便成为保护性能较强的护坡设施。编柳时在岸坡上用铁钎开间距为30～40cm、深度为50～80cm的孔洞。在孔洞中顺根的方向打入顶面直径为5～8cm的柳橛子，橛顶高出块石顶面5～15cm。

（4）铺石护坡　当坡岸较陡，风浪较大或因造景需要时，可采用铺石护坡。铺石护坡由于施工容易，抗冲刷力强，经久耐用，护岸效果好，还能因地造景，灵活随意，是园林常见的护坡形式。护坡石料要求吸水率低（不超过1%）、密度大（大于$2t/m^3$）和较强的抗冻性，如石灰岩、砂岩、花岗岩等岩石，以块径18～25cm，长宽比1:2的长方形石料最佳。

铺石护坡的坡面应根据水位和土壤状况确定，一般常水位以下部分坡面的坡度小于1:4，常水位以上部分采用1:1.5～1:5。

重要地段的护坡应保证足够的透水性以减少上缘土壤从坡面上流失，而造成坡面滑动，为保证坡岸稳固，可在块石下面设倒滤层。倒滤层常做成1～3层，第一层为粗砂，第二层为小卵石或小碎石，最上层用级配碎石，总厚度15～25cm。若现场无砂、碎石，也可用青苔、水藻、泥灰、煤渣等做倒滤层。如果水体深2m以上，为使铺石护岸更稳固，可考虑下部（水淹部分）用双层铺石，基础层（下层）厚20～25cm，上层厚30cm，碎石垫层厚

10～20cm。

铺石时每隔5～20m预留泄水孔，20～25m做伸缩缝，并在坡脚处设挡板，坐于湖底下。要求较高的块石护岸，应用M7.5水泥砂浆勾缝，并浆砌压顶石。铺石护坡的施工步骤如下。

1）开槽。坡岸地基经过平整后，按设计要求挖基础梯形槽，并夯实土基。

2）铺倒滤层，砌坡脚石。按要求分层填筑倒滤层，注意沿坡应颗粒大小一致，厚度均匀，然后在开挖的沟槽中砌坡脚石，坡脚石宜选用大石块，并灌足砂浆。

3）铺砌块石，补缝勾缝。从坡脚石起，由下而上铺砌块石，石块呈品字形排列，保持与坡面平行，石间用砂浆和碎石填满，垫平，不得有虚角（可采用人在石面上行走来检查虚实），然后用M7.5水泥砂浆勾缝。

第二节　水景工程施工技术

一、人工湖

1. 实际案例展示

2. 施工要点

湖属静态的水体，有天然湖和人工湖之分。前者是自然的水域景观，如著名的陕西华清池、云南滇池、杭州西湖、广东星湖等。人工湖是人工依地势就低挖凿而成的水域，沿岸因境设景、自成天然图画，如深圳仙湖、北京十三陵水库及一些现代公园中的人工大水面。湖的特点是水面宽阔平静，具平远开朗之感。除此之外，湖往往有一定水深而利于水产养殖，还有较好的湖岸线及周边的天际线，“碧波万顷、鱼鸥点水、白帆浮动”是湖的特色描绘。

(1) 人工湖的布局要领

1) 湖的布置应充分利用湖的水景特色。无论天然湖抑或人工湖，大多依山畔水，岸线曲折有致。

2) 湖岸处理要讲究“线”形艺术。有凹有凸，不宜呈成角、对称、圆弧、螺旋线、等波线、直线等线型。园林湖面忌“一览无余”，应采取多种手法组织湖面空间。可通过岛、堤、桥、舫等形成阴阳虚实、湖岛相间的空间分隔，使湖面富于层次变化。同时，岸顶应有高低错落的变化，水位宜高，蓄水丰满，水面应接近岸边游人，湖水盈盈、碧波荡漾，易于产生亲切之感。

3) 开挖人工湖要视基址情况巧做布置。湖的基址宜选择壤土、土质细密、土层厚实之地，不宜选择过于黏质或渗透性大的土质为湖址。如果渗透力大于0.009m/s，则必须采取工程措施设置防漏层。

(2) 人工湖施工要点

1) 按设计图样确定土方量，按设计线型定点放线。

2) 考察基址渗漏状况。好的湖底全年水量损失占水体体积5%～10%；一般湖底10%～20%；较差的湖底20%～40%，以此制订施工方法及工程措施。

3) 湖底做法应因地制宜，常见的有灰土湖底、塑料薄膜湖底和混凝土湖底等。其中灰土做法适于大面积湖体，混凝土湖底宜于极小的湖池。

二、溪涧施工要点

1. 实际案例展示

2. 施工要点

园林中的溪涧是自然界溪流（河）的艺术再现，是连续的带状动态水体。溪浅而阔，水沿滩泛漫而下，轻松愉快，柔和随意；涧深而窄，水量充沛，水流急湍，扣人心弦。溪涧一些基本特点：溪涧曲折狭长的带状水面，有明显的宽窄对比，溪中常分布汀步、小桥、滩地、点石等，且有随流水走向的若隐若现的小路。

自然界中的溪流多是在瀑布或涌泉下游形成的，上通水源，下达水体，溪岸高低错落，流水清澈晶莹，且多有散石净砂，绿草翠树，很能体现水的姿态和声响。如贵州花溪，两山狭崎、山环水绕、水清山绿、流水叮咚。江西井冈山龙潭溪，飞瀑之下为曲曲溪流，游览小石路蜿蜒相通，两岸错落有致，玲珑青翠，水溅溪石，游鱼隐现，景色宜人。

园林中由于地形条件的限制，平坦基址设计溪涧有一定难度，但通过一定的工程措施也可再现自然溪流，且不乏佳例，颐和园的后溪景区，它通过带状水面将分散的景点连贯于一体，强烈的宽窄对比，不同的空间交替，幽深曲折，形成忽开忽合、时收时放的节奏变化。以北京双秀公园竹溪引胜水池与小溪结合的水景为例，小溪从山腰处山石中跌宕而下，曲折蜿蜒于平地，溪岸山石点置，溪间架桥建亭构景，溪底铺卵石净砂，岸边连翘、榆叶梅、碧桃相间配植，整条小溪精巧玲珑、清秀多姿。北京首钢月季园根据地形条件设计了涌泉、瀑布，经小溪至水体（金鱼池），整个水景组合一气呵成。无锡寄畅园的八音涧，颐和园谐趣园内的玉琴峡等更是人工理水的范作。

园林中溪涧的布置讲究师法自然，忌宽求窄、忌直求曲。平面上要求蜿蜒曲折，对比强烈；立面上要求有缓有陡，空间分隔开合有序。整个带状游览空间层次分明、组合合理、富于节奏感。

布置溪涧，宜选陡石之地，充分利用水姿、水色和水声。通过溪水中散点山石能创造水的流态；配植沉水植物，间养红鲤可赏水色；布置跌水可听其声。八音涧水形多变、水声悦耳，正是这师法造化的典型。

三、瀑布施工要点

1. 实际案例展示

2. 施工要点

瀑布属动态水体，有天然瀑布和人工瀑布之分。天然瀑布是由于河床突然陡降形成落水高差，水经陡坎跌落如布帛悬挂空中，形成千姿百态、优美动人的壮观景色，如图 3-3 所示。人工瀑布是以天然瀑布为蓝本，通过工程手段而修建的落水景观。在瀑布设计时为了说明瀑布落差与瀑宽的关系而将瀑布分成水平瀑布和垂直瀑布两类。前者瀑面宽度大于瀑布落差，后者瀑面宽度小于瀑布落差。例如著名的贵州黄果树瀑布就属于垂直瀑布，其瀑宽为 84m，总落差约 90m，奔腾咆哮、汹涌澎湃、气势非凡。

（1）瀑布的构成、特征和落水形式

1）瀑布的构成。瀑布一般由背景、上游水源、瀑布口、瀑身、承水潭和溪流六部分构成。人工瀑布常用以山体上的山石、树木为背景，上游积聚的水（或水泵提水）流至落水口，落水口也称瀑布口，其形状和光滑度影响到瀑布水态及声响。瀑身是观赏的主体，落水后形成深潭接小溪流出。

2）瀑布的特征。景观良好的瀑布都有以下特征：一是水流经过的地方常由坚硬扁平的岩石构成，瀑布边缘轮廓清晰可见；二是瀑布口多为结构紧密的岩石悬挑而出，俗称泻水石，水由泻水石倾泻而下，水力巨大，泥沙、细石及松散物均被冲走；三是瀑布落水后接承水潭，潭周有被水冲蚀的岩石和散生湿生植物。

3）瀑布落水的形式。瀑布落水的形式多种多样，常见的有直落、段落、分落、对落、布落、离落、滑落、壁落和连续落等。

（2）瀑布施工要点

1）瀑布水源。瀑布施工首要的问题是瀑布给水，必须提供足够的水源。瀑布的水源有三种：

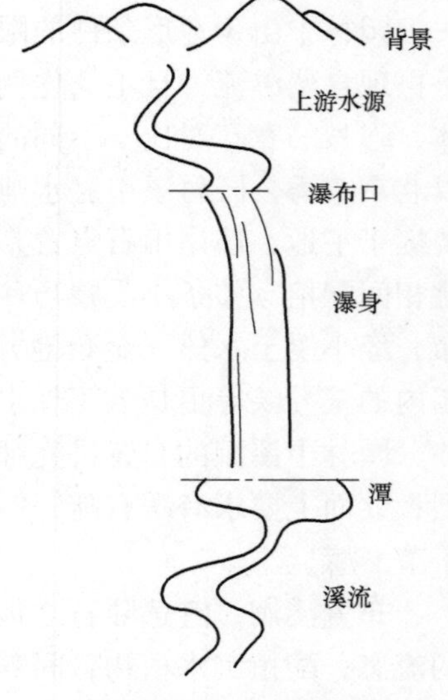

图 3-3　天然瀑布模式

① 利用天然地形的水位差，这种水源要求建园范围内有泉水、溪、河道。

② 直接利用城市自来水，用后排走，但投资成本高。

③ 水泵循环供水，是较经济的一种给水方法。

不论何种水源均要达到一定的供水量，据经验：高2m的瀑布，每米宽度流量为$0.5m^3/min$较适宜。

2）根据周围环境，妙在神似。瀑布施工就景观来说，不在其大小，而在于是否具备天然情趣，即所谓“在乎神而不在乎形”。因此，瀑布设计要与环境相协调，瀑身要注意水态景观，要依瀑布所在环境的特殊情况、空间气氛、欣赏距离等选择瀑布的造型。不宜将瀑布落水做等高、等距或一直线排列，要使流水曲折、分层分段地流下，各级落水有高有低，泻水石要向外伸出。各种灰浆修补、石头接缝要隐蔽，不露痕迹。有时可根据环境需要，利用山石、树丛将瀑布泉源遮蔽以求自然之趣。

3）瀑布落水口处理—瀑布造型的技术关键。为保证瀑布效果，要求堰口水平光滑。为此，要重视堰口的设计与施工，以下几种方法能保证堰口有较好的出水效果：

① 堰唇采用青铜或不锈钢制作。

② 增加堰顶蓄水池水深。

③ 在出水管口处加挡水板，降低流速。流速不超过0.9～1.2m/s为宜。

4）瀑布承水潭。瀑布承水潭宽度至少应是瀑布高的2/3，以防水花溅出，且保证落水点为池的最深部位。

5）保证不露水。就结构而言，凡瀑布流经的岩石缝隙都必须封死，以免泥土冲刷至潭中，影响瀑布水质。

四、跌水施工要领

1. 实际案例展示

2. 施工要点

跌水是指水流从高向低呈台阶状逐级跌落的动态水景。在地形较陡处，水流经过时容易对无护面措施的下游造成激烈冲刷，若在此处，设计跌水，可减缓对地表冲刷，同时也形成了极具韵味的落水景观。

（1）跌水的特点

1）跌水是自然界落水现象之一，它既是防止水冲刷下游的重要工程设施，又是连续落水组景手段，因而跌水选址是坡面陡峻、易被冲刷或景致需要的地方。

2）跌水人工化明显，其供水管、排水管应蔽而不露。跌水多布置于水源源头，往往与泉结合，水量较瀑布小。

3）跌水除可修建成开敞式水景外，还可设计成封闭式水景。

（2）跌水的形式　跌水的形式有多种，就其落水的水态分，一般将跌水分为单级式跌水、二级式跌水、多级式跌水、悬臂式跌水和陡坡跌水。

1）单级式跌水。也称一级跌水。溪流下落时，如果无阶状落差，即为单级跌水。单级跌水由进水口、胸墙、消力池及下游溪流组成。

进水口是经供水管引水到水源的出口，应通过某些工程手段使进水口自然化，如配饰山石。胸墙也称跌水墙，它能影响到水态、水声和水韵。胸墙要求坚固、自然。消力池即承水池，其作用是减缓水流冲击力，避免下游受到激烈冲刷，消力池底要有一定厚度，一般认为，当流量$2m^3/s$，墙高大于2m时，底厚50cm。消力池长度也有一定要求，其长度应为跌水高度的1.4倍。连接消力池的溪流应根据环境条件设计。

2）二级式跌水。即溪流下落时，具有两阶落差的跌水。通常上级落差小于下级落差。二级跌水的水流量较单级跌水小，故下级消力池底厚度可适当减小。

3）多级式跌水。即溪流下落时，具有三阶以上落差的跌水，如图3-4所示。多级跌水一般水流量较小，因而各级均可设置蓄水池（或消力池），水池可为规则式也可为自然式，视环境而定。水池内可点铺卵石，以防水闸海漫功能削弱上一级落水的冲击。有时为了造景需要，渲染环境气氛，可配装彩灯，使整个水景景观盎然有趣。

4）悬臂式跌水。悬臂式跌水的特点是其落水口处理与瀑布落水口泻水石处理极为相似，它是将泻水石凸出成悬臂状，使水能泻至池中间，因而落水更具魅力。

5）陡坡跌水。陡坡跌水是以陡坡连接高、低渠道的开敞式过水构筑物。园林中多应用于上下水池的过渡。由于坡陡水流较急，需有稳固的基础。

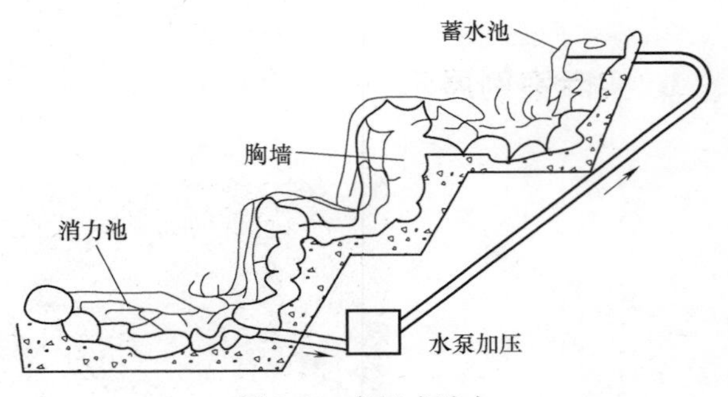

图3-4　多级式跌水

（3）跌水施工要领

1）因地制宜，随形就势。布置跌水首先应分析地形条件，重点着眼于地势高差变化，水源水量情况及周围景观空间等。

2）根据水量确定跌水形式。水量大，落差单一，可选择单级跌水；水量小，地形具有台阶状落差，可选多级式跌水。

3）利用环境，综合造景。跌水应结合泉、溪涧、水池等其他水景综合考虑，并注意利用山石、树木、藤萝隐蔽供水管、排水管，增加自然气息，丰富立面层次。

第三节　喷泉施工技术

一、喷泉管道布置及控制方式

1. 实际案例展示

2. 施工要点

（1）喷泉管道布置要点　喷泉管网主要由输水管、配水管、补给水管、溢水管和泄水管等组成。现将布置要点简述如下。

1）管道地埋敷设。在小型喷泉中，管道可直接埋在土中。在大型喷泉中，如管道多而且复杂时，应将主要管道敷设在能通行人的渠道中，在喷泉的底座下设检查井。只有那些非主要的管道，才可直接敷设在结构物中，或置于水池内。

2）环形十字供水网。为了使喷泉获得等高的射流，喷泉配水管网多采用环形十字供水。

补水管的设置由于喷水池内水的蒸发及在喷射过程中一部分水被风吹走等造成喷水池内水量的损失，因此，在水池中应设补给水管，补水管和城市给水管连接。并在管上设浮球阀或液位继电器，随时补充池内水量的损失，以保持水位稳定。

3）溢水管的设置。为了防止因降雨使池水上涨造成溢流，在池内应设溢水管，直通城市雨水井，并应有不小于0.03的坡度，在溢水口外应设拦污栅。

4）泄水管的设置。为了便于清洗和在不使用的季节，把池水全部放完，水池底部应设泄水管，直通城市雨水井，也可结合绿地喷灌或地面洒水，另行设计。

5）管道坡度要求。在寒冷地区，为防止冬季冻害，所有管道均应有一定坡度。一般不小于0.02，以便冬季将管内的水全部排出。

6）保持射流的稳定。连接喷头的水管不能有急剧的变化。如有变化，必须使水管管径逐渐由小变大，并且在喷头前必须有一段适当长度的直管。一般不小于喷头直径的20倍，以保持射流的稳定。

7）调节设备的配套。对每个或每一组具有相同高度的射流，应有自己的调节设备。通常用阀门或整流圈来调节流量和水头。

（2）喷泉的控制方式

1）手阀控制。这是最常见和最简单的控制方式，在喷泉的供水管上安装手控调节阀，用来调节各管段中水的压力和流量，形成固定的喷水姿态。

2）继电器控制。通常利用时间继电器按照设计的时间程序控制水泵、电磁阀、彩色灯等的启闭，从而实现可以自动变换的喷水姿态。

3）音响控制。声控喷泉是用声音来控制喷泉喷水形态变化的一种自控泉。它一般由以下几部分组成。

① 声-电转换、放大装置。通常是由电子线路或数字电路、计算机等组成。

② 执行机构。通常使用电磁阀。

③ 动力。即水泵。

④ 其他设备。主要有管路、过滤器、喷头等。

声控喷泉的原理是将声音信号转变为电信号，经放大及其他一些处理，推动继电器或电子式开关，再去控制设在水路上的电磁阀的启闭，从而达到控制喷头水流动的通断。这样随着声音变化人们可以看到喷水大小、高矮和形态的变化。要能把人们的听觉和视觉结合起来，使喷泉喷射的水花随着音乐优美变化的旋律而翩翩起舞。因此，也被誉为“音乐喷泉”或“会跳舞的喷泉”。这种喷泉的形式很多。

二、喷泉构筑物

1. 实际案例展示

2. 施工要点

喷泉除管线设备外，还需配套有关构筑物，如喷水池、泵房及给水排水阀门井等。

（1）喷水池 喷水池是喷泉的重要组成部分，其本身不仅能独立成景，起点缀、装饰、渲染环境的作用，而且能维持正常的水位以保证喷水，因此，可以说喷水池是集审美功能与实用功能于一体的动静相兼（喷时动，停时静）的人工水景。

1）水池形状和大小。园林中的喷水池分为规则式水池和自然式水池两种。规则式水池平面形状呈几何形，如圆形、椭圆形、矩形、多边形、花瓣形等。自然式水池岸线为自然曲线，如弯月形、肾形、心形、泪珠形、蝶形、云形、梅花形、葫芦形等，现代喷水池多采用流线型，活泼大方、富于时代感。水池的大小应根据周围环境和喷高而定，喷水越高，水池越大。为了防止水滴飘移而落到池外，一般水池半径为最大喷高的 1～1.3 倍。自然式水池宜小，平均池宽可为喷高的 3 倍。

水池深度不宜太深，以免发生危险。一般水深为 0.6～0.8m。

2）喷水池结构与构造。水池由基础、防水层、池底、池壁、压顶等部分组成。

① 基础。基础是水池的承重部分，由灰土和混凝土层组成。施工时先将基础底部素土夯实（密实度不得小于 85%）；灰土层一般厚 30cm（3 份石灰，7 份中性黏土）；C10 混凝土垫层厚 10～15cm。

② 防水层。水池工程中，防水工程质量的好坏对水池安全使用及其寿命有直接影响，因此正确选择和合理使用防水材料是保证水池质量的关键。目前，水池防水材料种类较多：如按材料分，主要有沥青类、塑料类、橡胶类、金属类、砂浆、混凝土及有机复合材料等，如按施工方法分，有防水卷材、防水涂料、防水嵌缝油膏和防水薄膜等。

A. 沥青材料。主要有建筑石油沥青和专用石油沥青两种。专用石油沥青可在音乐喷泉的电缆防潮防腐中使用。建筑石油沥青与油毡结合形成防水层。

B. 防水卷材。品种有油毡、油纸、玻璃纤维毡片、三元乙丙再生胶及 603 防水卷材等。其中油毡应用最广，三元乙丙再生胶用于大型水池、地下室、屋顶花园做防水层效果较好。603 防水卷材是新型防水材料，具有强度高、耐酸碱、防水防潮、不易燃、有弹性、寿命长、抗裂纹等优点，且能在 -50～80℃环境中使用。

C. 防水涂料。常见的有沥青防水涂料和合成树脂防水涂料两类。

D. 防水嵌缝油膏。主要用于水池变形缝防水填缝，种类较多。按施工方法的不同分为冷用嵌缝油膏和热用灌缝胶泥两类。其中上海油膏、马牌油膏、聚氯乙烯胶泥、聚氯酯沥青弹性嵌缝胶等性能较好，质量有保证，使用较广。

E. 防水剂和注浆材料。防水剂常用的有硅酸钠防水剂、氯化物金属盐防水剂和金属皂类防水剂。注浆材料主要有水泥砂浆、水泥玻璃浆液和化学浆液三种。

水池防水材料的选用，可根据具体要求确定，一般水池用普通防水材料即可。钢筋混凝土水池也可采用抹层防水砂浆（水泥加防水粉）做法。临时性水池还可将吹塑纸、塑料布、聚苯板组合起来使用，也有很好的防水效果。

③ 池底。池底直接承受水的竖向压力，要求坚固耐久。多用钢筋混凝土池底，一般厚

度大于 20cm；如果水池容积大，要配双层钢筋网。施工时，每隔 20m 选择最小断面处设变形缝（伸缩缝、防震缝），变形缝用止水带或沥青麻丝填充；每次施工必须由变形缝开始，不得在中间留施工缝，以防漏水。

④ 池壁。是水池竖向部分，承受池水的水平压力，水越深容积越大，压力也越大。

池壁一般有砖砌池壁、块石池壁和钢筋混凝土池壁三种。壁厚视水池大小而定，砌池壁一般采用标准砖，M7.5 水泥砂浆砌筑，壁厚不小于 240mm。砖砌池壁虽然具有施工方便的优点，但红砖多孔，砌体接缝多，易渗漏，不耐风化，使用寿命短。块石池壁自然朴素，要求垒砌严密，勾缝紧密。混凝土池壁用于厚度超过 400mm 的水池，C20 混凝土现场浇筑。钢筋混凝土池壁厚度多小于 300mm，常用 150～200mm，宜配 $\phi8$、$\phi12$ 钢筋，中心距多为 200mm。

⑤ 压顶。属于池壁最上部分，其作用为保护池壁，防止污水泥沙流入池中，同时也防止池水溅出。对于下沉式水池，压顶至少要高于地面 5～10cm；而当池壁高于地面时，压顶做法必须考虑环境条件，要与景观相协调，可做成平顶、拱顶、挑伸、倾斜等多种形式。压顶材料常用混凝土和块石。

完整的喷水池还必须设有供水管、补给水管、泄水管和溢水管及沉泥池。管道穿过水池时，必须安装止水环，以防漏水。供水管、补给水管安装调节阀；泄水管配单向阀门，防止反向流水污染水池；溢水管无须安装阀门，连接于泄水管单向阀后直接与排水管网连接（具体见管网布置部分）。沉泥池应设于水池的最低处并加过滤网。

在水池内设置集水坑，以节省空间。集水坑有时也用作沉泥池，此时，要定期清淤，且于管口处设置格栅，为防淤塞而设置挡板。

（2）泵房施工　泵房是指安装水泵等提水设备的专用构筑物，其空间较小，结构比较简单。水泵是否需要修建专用的泵房应根据需要而定。在喷泉工程中，凡采用清水离心泵循环供水的都应设置泵房；凡采用潜水泵循环供水的均不设置泵房。

1）泵房的作用。

① 保护水泵。泵房是用来给喷泉供水的，水泵应固定且不宜长期暴露在外，否则由于天长日久的风吹雨淋，容易生锈，影响运行。水泵固定在泵房内可防止由于泥沙、杂物等侵入水泵而影响转动和降低水泵寿命甚至损坏水泵。

② 安全需要。水泵多采用三相异步电动机驱动，电动机额定电压为 380V。因此，为了安全起见也应将水泵安装在泵房内。潜水泵虽不需设置泵房，但也要将控制开关设于室内，控制箱应安装在离地面 1.6m 以上安全的地方。

③ 景观需要。喷泉周围环境讲究整洁明快，各种管线不得暴露。为此，应设置泵房或以其他方法掩饰，否则有碍观瞻。

④ 利于管理。在泵房内，各种设备可长期处于配套工作状态，便于操作和检修，给管理带来方便。

2）泵房的形式。泵房的形式根据泵房与地面的相对位置可分为地上式、地下式和半地下式三种。

① 地上式泵房。是指泵房主体建在地面之上，同一般房屋建筑，多为砖混结构。

因泵房建在喷泉附近，需占用一定面积，影响喷泉景观，故不宜单独设置。一般常与办公用房结合，便于管理。若需单独设置时，应控制体量，讲究造型和装饰，尽量与喷泉周围环境协调。地上式泵房具有结构简单、造价低、管理方便的优点，适用于中小型喷泉。

② 地下式泵房。是指泵房主体建在地面之下，同地下室建筑，多为砖混结构或钢筋混凝土结构，需做防水处理，避免地下水浸入。由于泵房建在地下而不占用地上面积，故不影响喷泉景观。但结构复杂，造价高，管理操作不便。地下式泵房适用于大型喷泉。

③ 半地下式泵房。是指泵房主体建在地上与地下之间，兼具地上式和地下式二者的特点，不再重述。

3）泵房管线布置。

① 动力机械选择。目前，最常用的动力机械是电动机。电动机因其转速与水泵转速较为接近，且为直接传动，效率高，噪声小，管理操作方便，故障少，寿命长。一般水泵生产厂家都为水泵配套安装了电动机，故可免去选购的烦恼。

② 管线布置。为了保证喷泉安全可靠地运行，泵房内的各种管线应布置合理、调控有效、操作方便、易于管理。

4）一般泵房管线系统布置中与水泵相连接的管道有吸水管和出水管。

5）需要注意的几个问题。

① 水泵进、出水管管径的确定。水泵在运行时，其进、出口处流速较高，可达到3～4m/s。由于管道的阻力与流速的平方成正比，流速越高，阻力越大。如果进、出水管的管径与水泵的口径相同，由于流速较高，势必造成较大的阻力，从而降低了供水的稳定性。为此，应将进、出水管的管径加大，一般采用渐扩形式，以降低流速、减少阻力，使水流平稳。实践证明，进水管的流速不宜超过2.0m/s，出水管的流速不宜超过3.0m/s。

② 水泵与进出管的过渡。当管径大于水泵口径时，需在进、出口处配置渐变管，使水泵与进出管有过渡连接。渐变管长度可视其大小头直径差确定，一般取差数的7倍可满足要求。

③ 泵房用电要注意安全。开关箱和控制板的安装应符合规定。地下式泵房要注意机房排水、通风。泵房内应配备灭火器等灭火设备。

（3）阀门井

1）给水阀门井。喷泉用水一般由自来水供给。当水源引入喷泉附近时，应在给水管道上设置给水阀门井。给水阀门井内安装截止阀控制，根据给水需要，可随时开启和关闭，便于操作。给水阀门井一般为砖砌圆形，由井底、井身和井盖组成。井底一般采用C10混凝土垫层，井底内径不小于1.2m（考虑下人操作）；井身采用MU10红砖M5水泥砂浆砌筑，井深不小于1.8m（考虑人员站立高度），井壁应逐渐向上收拢，且一侧应为直壁，便于设置铁爬梯上下。有地下水浸入时，应做防水处理。井口圆形，直径为600mm或700mm。井盖采用成品铸铁井盖（含井座）。

2）排水阀门井。排水阀门井的作用是连接由水池引出的泄水管和溢水管在井内交汇，然后再排入排水管网。为了便于控制，在泄水管道上应安装闸阀，溢水管应接于阀后，确保溢水管排通畅。

三、彩色喷泉的灯光设置

1. 实际案例展示

2. 施工要点

（1）喷泉照明的特点、种类

1）喷泉照明的特点　喷泉照明与一般照明不同。一般照明是要在夜间创造一个明亮的环境，而喷泉照明则是要突出水花的各种风姿。因此，它要求有比周围环境更高的亮度，而被照明的物体又是一种无色透明的水，这就要利用灯具的各种不同的光分布和构图，形成特有的艺术效果，形成开朗、明快的气氛，供人们观赏。

2）喷泉照明的种类。

① 固定照明。如日内瓦莱蒙湖上那耸入云天的高大喷泉，就是在距喷水口 20m 处装设了一台巨型探照灯，形成银色水柱直刺暮空，景色十分壮观。

② 闪光照明和调光照明。这是由几种彩色照明灯组成的，它可通过闪光或使灯光慢慢地变化亮度以求得适应喷泉的色彩变化。

③ 水上照明与水下照明。水上照明和水下照明各有优缺点。大型喷泉往往是两者并用，水下照明可以欣赏水面波纹，并且由于光是由喷水下面照射的，因此当水花下落时，可以映出闪烁的光。

（2）喷泉照明的手法　为了既能保证喷泉照明取得华丽的艺术效果，又能防止对观众产生炫目，布光是非常重要的。照明灯具的位置，一般是在水面下 5 ~ 10cm 处。在喷嘴的附近，以喷水前高度 1/5 ~ 1/4 以上的水柱为照射的目标；或以喷水下落到水面稍上的部位为照射的目标。这时如果喷泉周围的建筑物、树丛等的背景是暗色的，则喷泉水的飞花下落的轮廓，就会被照射得清清楚楚。

第四节　室 内 水 景

一、室内静水与流水

1. 实际案例展示

2. 施工要点

（1）室内静水　澈澄、宁静、朴实是静水的主要特点，室内静水常见的有三种：静水池；位于流水的水池，这里的池水“延而不溪，聚而为池”，具有相对的静止状态；喷水池在停止喷水所呈现的静态水景。

1）静水的形。静水水面的形是由水池形状表现出来的，一般有规则的几何形和不规则的自然形。室内水面形状的确定主要取决于室内环境的功能要求和审美要求。功能要求主要是指室内功能分区及动线，因为水面在空间中是不可逾越的部分，它界定了人们的活动范围，所以水面的边界线宜与室内的功能区及通道相适应。审美要求包括水面形状本身的形式美和意象，以及它与室内整体环境的协调与有机联系。

除了水池形状以外，池壁细部对水面形状也有一定影响，池壁形式通常有以下几种。

① 池壁高出地面。这是较普遍的一种形式，一般池壁高出地面250～450mm，既有存水功能，又可作为人们休息的坐处。

② 池壁与地面相平。采用这种形式时，为防止人们不注意跌入水中，往往在池壁外围明显地改变地面铺装或布置花盆等以示提醒。

③ 沉床式水池。池壁低于四周地面、地面与水池之间用台阶相连。

池壁材料同样影响水面景观。室内常见的是钢筋混凝土池壁上用花岗石等天然石材或人工砖、石材贴面。也有做塑桩护壁、自然石护壁的，给人一种自然的野趣。

另外，要保持水池池景之美，必须经常保持一定量的水。给水管即是为补充水池内因蒸发和排除污水而设。一般设于池的中央或一端，有时结合间歇性的喷水或落水给以补充。另外为使过多的水或陈腐的水排出，还应有排水措施。排水口有两种，一种为水平排水的溢水口，另一种为水底集水坑排水。水平排水可保持池水有恒定的深度，当入水量超过溢水口时，水自会从排水口溢出。水底排水是为清理水池时用。为防止杂物流入而阻塞管道，溢水口和排水口宜设滤网。

2）静水的景。静水的景有两类，一类是借水的色和光映出的虚景；另一类是借静水作为基底托出山石、花木等实景。

① 虚景。静水的清澈透明能很好地映出其容器的图案、色彩和纹理，表现一种视觉趣味。如在池底以材质和色彩的对比，刻画出象征流水特性的漩涡形、波浪形、轮形、放射形等各种图案。这些图案因水层的缘故，产生强彩度色彩突出、暗色彩下沉的特有效果，将流水纹表现得淋漓尽致。墨西哥蒙特雷现代艺术博物馆，内庭是建筑的核心。日常不作会场时，内庭地面始终充盈了幽深的水，淡淡地映出了地面的圆形图案，增加了空间的含蓄与深邃。室内一侧间歇性的壁泉又增添了清新与活力。另外静水水面如镜，利用光学成像而产生倒影，构成虚幻的景象，虚实相生既丰富了景物层次，又增加了空间韵味。印度查普博物馆平面，由九个方块组成，中间一块是广场，其余为展室、行政办公、剧场、图书室等。图书室内一角有一弧形水池，镜般的水面拥着天光物影，整个空间弥漫着神奇和宁静的气氛，深化了知识与思考这一主题。

② 实景。静水水面作为基底托浮水中景观。

A. 水生植物。如置以睡莲科水生植物，水面衬托花、叶的姿色，增加水池生动的效果。

B. 观赏鱼。鱼游池水中，“鱼乐人亦乐，水清心共清”，令人赏心悦目，可以陶冶性情。

C. 山石或小品。水中叠石，石增水秀、水媚石姿。若立雕塑或盆栽小品，同样能取得景物交融的效果。

D. 岛状空间。当室内水面较大时，实体空间似船、岛散置其上，成为水面一景。例如桃树广场旅馆内庭水面上船形咖啡座。有时在水面上立亭、架、楼梯产生空间的穿插变化。

水面除生成虚景和衬托实景以外，还被用来控制人们的行为和视距，以便获得良好的观景效果。度假旅馆大厅楼梯前的弧形水池起着吸引人们注意力和导向的作用。东京湾旅馆的共享空间中，用水面分隔开餐座与钢琴演奏台，使观众与演奏员保持一合适的距离，增加了剧场化效应。有时将水面与露明电梯相结合，因纵向水面所拉开的视距而更好地发挥了景观和观景的艺术效果。

（2）室内流水　流水是由于重力作用而形成“水往低处流”的现象，如自然界的江河、溪流，多成带状。室内流水虽局限于槽沟之中，但仍能表现动态的美。碧水潺潺流淌，水面波光敛艳，能令人心旷神怡，流连忘返。

1）流水水源。“疏源之去由，察水之来历”这是人们顺水寻踪的心理源由。流水水景常将流与源组织起来，水源也作为景的一部分，淋漓尽致地表现水从源到流的生动过程。常见的水源形式有泉、瀑和喷水两种。

2）流水水态。流水水态特征取决于水的流量、槽沟的大小、坡度和材质。一般说来，当槽沟的宽度和深度一定的情况下，坡度小、材质较为光滑的，其水流平缓稳定。如果槽沟的宽度、深度富有变化，且沟底起伏或材质粗糙，则会阻碍水流的畅通，产生跳跃或湍流。

二、室内落水与喷水

1. 实际案例展示

2. 施工要点

流水从高处落下，通常称为流泉或瀑布。泉与瀑是按水量大小与水流高低而区分的。瀑是指较大流量的水，从高处泻下形成的景观，而泉则多指岩壁渗透而出的水。

（1）室内落水

1）泉。一般是指水量较小的滴落、线落的落水景观。由于造泉用水量少，在经济上和技术上易于达到，所以运用十分普遍，种类也颇多。常见的有壁泉、叠泉、盂泉和雕刻泉。

① 壁泉。泉水从建筑物壁面隙口湍湍流出称为壁泉。壁面有采用天然石块塑造的岩壁，也有采用光洁的花岗石墙面。前者给人以自然天成的野趣，后者则给人以技术精致的现代感。壁面的凹凸变化及光影效果使泉景夺目生辉。

② 叠泉。泉水分段跌落的形式称为叠泉。人工塑造的岩壁式叠泉多呈奇数，如三叠、五叠、七叠。下层有蓄聚水的泉潭。

③ 盂泉。用竹筒引出流水，滴入水盂（又称水钵），再从盂中溢入池潭。这种泉景显得格外古朴、自然。

④ 雕刻泉。用雕刻来装饰泉口，可以增加泉景的情趣。如深圳一家银行宾馆的雕刻泉是由安格尔创作的《泉》这幅作品演化而来的形象。站立着的姑娘手托水罐，水从罐口洒流而下，一孩童正伸手戏水，形象栩栩如生，具有抒情色彩。

2）瀑。通常称为瀑布，是将水聚集于一处，使水从高处落下形成水带之景。瀑布以其形状可分为瀑面宽度大于落差的水平瀑布和瀑面宽度小于落差的垂直瀑布。若以其落水与壁面的接触关系，又可分为悬壁的离落和沿壁而下的滑落以及分台阶接传而下的迭落。

室内常见的瀑布形式有以下几种。

① 自由落瀑布。这种瀑布通常模仿自然而造。自然界的瀑布模式，一般说来，远处有群山作背景，上游有积聚的水源，有瀑布口、瀑身，下面有深水潭及流溪。人工仿造自然基本按这种模式。将水引至叠山高处，瀑布口不设于假山之顶，而让左右山石稍高于出水口之水面，水口常以树木或山石加以隐蔽。瀑身多为垂直瀑布，据经验，瀑面高、宽比以6:1为佳。瀑布下设池潭，为防止落水时水花四溅，一般认为瀑前池潭宽度宜不小于瀑身高度的2/3。

② 滑落瀑布。也称水幕墙。一般在墙体顶部设蓄水槽，水经水槽出水口顺墙泻下，形成一自上而下滑落的连续水幕。影响水幕景观的因素，一是出水口；二是水幕壁面；三是落水的接触面。

A. 出水口。光滑平整的水口边沿，使水幕完整、无皱；出水口边沿粗糙，流水会集中于某些凹点上，产生皱褶。当水幕墙的水膜较薄，如仅6mm厚时，出水口必须采用光滑平整的材料，如磨光花岗石或青铜、不锈钢压边，以保证落水水幕的平滑完整宛如薄纱。粗糙的出水口适用于稍厚的水膜，当凹凸的边沿阻碍水流连续时，产生水花翻滚、气势壮观。如国外有一高1.8m宽8m的水幕墙，水从50mm厚的花岗石出水口溢出顺墙泻下，注入深19cm的水池中，池底铺消声材料和碎石。

B. 水幕壁面。水幕的透明性不仅能含蓄地表现壁面色彩、质地，而且壁面的纹理也影响水幕的水态。上海商城的水幕墙景观，浅灰黄面砖，竖向分格缝的壁面，强调了与落水一致的方向性。日本千叶某商店顶层内庭薄薄的水帘沿着微微倾斜的半透明板缓缓滑至水池，分层而下，优美动人。即使在水流停止时，仍不失其景观效果。

C. 落水的接触面。水幕落下时所接触的表面也影响水花的形态和声响。如果落下的水撞击在坚硬的表面如岩石或混凝土、便会泼溅扬起水花，同时产生较大的水声。若落下的水接触的是水面，则水花融入水中，声音小而清脆。

③ 分层瀑布。也称流水台阶。即在水的起落高差中添加一些水平面，使流水产生短暂的停留和间隔，迭落而下，因而比一般瀑布更富层次和变化。分层瀑布可通过调整水的流量、迭落的高度和承水面的高度而创造出不同情趣的水景效果。日本横滨某商业中心内庭楼梯，梯侧布置了顺梯级方向的分层瀑布与外侧方向马槽式水口的离落瀑布相结合的水景。由于迭落高度大于出水口宽度，流水呈垂直瀑带飘然而下。某旅馆大厅休息区一角与台阶式花池相结合的水景，因其迭落高度较小，形成一种水满层层泻下的动人效果。如果分层瀑布的水平承水面演化为弧状顶缘时，则水流呈现为溢漫的景象。

（2）室内喷水　喷水又称喷泉，是利用压力，使水自喷嘴喷向空中后落下形成景观。

1）喷泉类型。喷泉的类型很多，大体上可以归纳为以下几类。

① 普通装饰性喷泉。由各种喷水型喷头单独设置或组合设置形成美丽花形图的喷泉。某休息大厅内的喷水池，中间是吸力型水松柏喷水，四周是可调式直流喷水组合的水景。某一购物中心内庭的水池，其两侧均匀布置了可调式直流喷头，相对喷水形成拱形喷水景。

② 雕刻喷泉。喷水口或水盘为雕刻物，这些雕刻有的富有装饰性，有的结合主题，寓意较深。雕刻喷泉的优点是即使在喷水停止时，仍有较好的艺术效果。某一休息空间内的喷水池，似鱼状造型的喷水口与顶上的灯具相呼应，增加了水景的情趣。内庭水池中的喷泉结

合水精灵雕刻共同组成景观。像是叙述一个神话，启迪人们感觉和继续想象。某一以“煌源”命名的内庭景点，内庭中心是一高于地面60cm的星形台式空间，在其六个角点上设置了双重花瓣式水盘的喷泉。闪光的水盘与镜面顶棚相映成趣，整个空间五光十色、耀眼生辉。

③ 自控喷泉。利用各种电子技术，按设计程序控制水、光、声、色形成变化的景观效果。

A. 时控喷泉。按设计的时间程序，使喷水型发生变化，大多数时控喷泉是由时间继电器指令电磁阀，控制喷头水路的通断来实现。

B. 声控喷泉。也称音乐喷泉，是用声音来控制水型变化。它的原理是将声音信号转变为电信号，然后去控制设在水路上的电磁阀的启闭从而达到控制水路的通断。

C. 计算机遥控喷泉。通过计算机控制喷出的水花，配合变化的音乐旋律和彩色照明，绚丽多姿，犹如会跳舞的喷泉。

④ 水雕塑。有固定水雕塑和活动水雕塑两种类型。水雕塑像肥皂泡魔圈似的从钢管内喷出，放射形的水流在强光照射下异常美丽。国外有一水雕塑，水流沿环形不锈钢管的喷口喷出，形成雕塑形的水柱。再由水的反作用力使水柱变化，显示了水的自然力，并造成极大的趣味。

2）喷头与水姿。喷头是影响喷泉水姿艺术效果的主要因素。喷头的种类很多，介绍如下。

① 单射流喷头。也称直流喷头，这是一种最简单的喷头，水通过单管喷头喷出，有着简洁的水流。单射流喷头有固定式和可调式两种。可调式单射流喷头可在垂直和水平方向自由调节角度，加上水压变化，可组成各种高低、角度不同的喷射效果，它也是声控、程控喷泉必选的喷泉。

② 环形喷泉。喷头的出水口为环形断面，它能使水形成外实中空、集中不分散的环形水柱，气势粗犷。

③ 喷雾喷头。这种喷头的内部具有一螺旋形导水板，使水进行圆周运动。因此，当旋转的水流由顶部小孔喷出时，迅速散开弥漫成雾状水滴。喷雾泉外形较细腻，看起来闪亮而虚幻。

④ 旋转喷头。喷头的出水口有一定的角度。当压力水流喷出时，靠水的反推力，使喷头不断地旋转，水花婀娜多姿。

⑤ 平面喷头。喷洒面积及角度可通过对阀门及球形接头的调节而获得。扇形喷头也属这一类，其喷头外形像扁扁的鸭嘴，喷出水花像孔雀开屏一样美丽。

⑥ 多头喷头。由多个可调小直流喷头组成，内装水压调节分水圈。通过水压变化，可改变喷射高度及范围。

⑦ 半球形喷头。喷头的出水口前面，有一个可调节的形状各异的反射器。当水流通过反射器时，起水花造型作用，从而形成各式各样的水姿。

⑧ 吸力喷头。此种喷头是在利用压力水从喷头喷出时，在喷嘴的出水口附近形成负压区，而将空气和水吸入喷嘴外的套筒内与喷嘴内喷出的水混合一并喷出。因为混入大量细小的空气泡，形成乳白色不透明水柱，能充分反射光线，在彩色灯光照明下显得光彩夺目。吸力喷头又可分为吸水喷头、吸气（加气）喷头、吸水加气喷头等。

三、室内水景的声与光

1. 实际案例展示

2. 施工要点

（1）室内水声　以水为形、以声夺景，这是水景的独到之处。

水声设计是运用水的动态变化来实现的。不同状态的水，有不同的声响效果，千变万化。归纳起来，室内水声设计大致有滴落或线落、流水、瀑落、喷水四类。

1）滴落。“竹露滴清响”是唐代诗人王维的诗句。连竹叶上的露珠滴入水中的声响都能听见，这是诗意般的空间。如某盂泉，细漏滴水，清幽的水声衬托出环境的空灵与雅静。

2）流水。流水的水声常因其水量、运动状态和运动过程中接触面的变化而变化。或清或浊，或断或续，铮铮琮琮如奏琴瑟。一绿色食品餐厅入口处的构架将人们导致就餐空间，室内绿色植物和深红色玫瑰花织物吊顶相映成趣。人们边品尝无公害的绿色食品，边聆听吧台上涓涓曲水细流的流水音，充分享受着自然之快乐。

3）瀑落。瀑落是水声中气魄最雄壮者，给人以一种力量。北京王府饭店大厅内大理石拱桥下的飞瀑，其向下倾泻的冲击声和流溅的水花，别具激情感，扣人心弦。

4）喷水。也即喷泉，是一种声形并茂的水景。有噗噗的涌泉；嘶嘶的喷雾泉和哗哗的吸力喷泉。尤其是利用电子技术控制水、光、色、声的喷泉，更是异彩纷呈、风情万种。体现了水声音乐化和音乐水声化的艺术效果。

无论是滴落、流水、瀑落、喷水均能产生丰富多样的水声。水声给人以音乐般美的享受，水声抒情且令人遐想。

（2）室内水的光影　光和影本身就是一种特殊性质的艺术。水的光影有两类：一是水因光产生光影；二是水借光而造型。

1）水因光产生光影。室内水产生光影效果一般有三种变化。

① 水的倒影。光线照射到如镜般的水面，将周围景物倒映池中。倒影是根据光学成像原理形成的，利用水面创造倒影时，必须将水面、景物、视点位置几方面加以综合考虑，如

图3-5所示。七星印月是广州矿泉客舍的一个景点，在白色格子的竹席顶棚上布置了星星、月亮的灯光造型，使其倒映在下面的池水中而形成印月的景色。

② 水的波光。漾漾细波的光影变化使空间飘然深邃。墨西哥人类学博物馆，在其中央庭院一端是水池，另一端是遮着半个庭院的伞状顶盖。顶盖是由钢铝构件组成的悬索结构，只有一根支柱。支柱表面用铜雕饰面，刻画了墨西哥的发展及其文化。一套循环水系统将池水送到顶部，再从构件空隙洒下，在柱周围形成水幕。顶光照射下的水幕，光影浮游缥缈，烘托着铜雕刻画的古代文化的虚幻景像。

③ 水的波光的反射。波光映射在顶棚、墙面上具有闪亮的装饰效果。

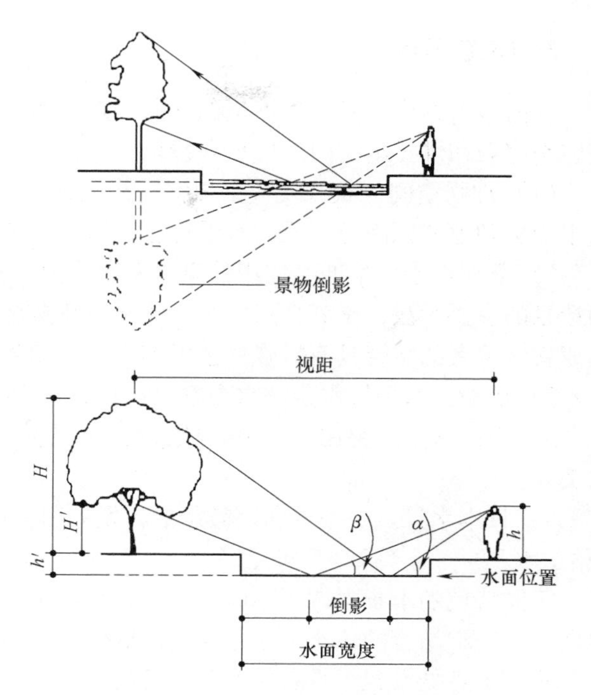

图3-5　视点、景物和水面的关系

2）水借光而造型。主要运用照明灯具来实现。如水景设计中配合照明来突出喷水、落水水花的各种姿态。一般照明灯布置在水跌落处附近水面或水面下5～10cm处。以喷泉为例，可将喷水前端高度的1/5～1/4以上的水柱作为照射的目标，或将喷水下落水面稍上的部位作照射的目标。这时，喷泉水花的轮廓，在周围背景相对较暗的情况下，显得格外清晰和玲珑剔透。如果照明采用红、黄、蓝、绿、紫等彩色闪光或调光灯具，更可获得绚丽变幻的景象。

四、室内水景的氛围

1. 实际案例展示

2. 施工要点

室内水景的形、光、声不是孤立的因素，而是相互制约，相互渗透，紧密地联系成一个整体来渲染和烘托出空间的气氛和情调。

（1）加强空间气氛　现代室内空间往往具有不同风格，水景特色有助于加强这种气氛。由于历史和地域原因所形成的水景特色，概括说来有以下几种。

1）欧洲水景。早期由饮用的泉水发展成为一种装饰性的泉水。以喷泉这种动态水景作为造景的主要手法，是其特点之一；喷泉与雕塑结合是欧洲水景的另一特点。雕塑艺术的辉煌成就使两者的结合具有极强的艺术魅力并充满生活情趣。

2）伊斯兰水景。水景注重图案化设计，具有很强的装饰性。

3）中国水景。突出与中国的绘画艺术为缘，崇尚自然天成之趣和表现出参差天然之美。

4）日本水景。受茶道和宗教影响，发展出自己的特点，如盂泉与水钵或是旱庭水意的“枯山水”。

不同特色的水景强调出不同气氛。如沙特阿拉伯利雅得外交部大厦，是一座现代样式与伊斯兰传统相结合的建筑。三角形的内庭周围像街一样的廊道将办公室联系起来。在内庭中心及廊道节点处设置了具有伊斯兰特色的水景。那细小的喷水从水盘溢至八角形边缘的圆形浅水池中。除了造成视觉上的美感外，更注入了某种象征意义。

（2）带出空间情调　水景的形、光、声等特点能暗示和带出空间某种情调。一旅馆的休息内庭，旋转45°的方形水池位于中央花坛之中。红色豹纹竹芋、绿色万年青及蕨类植物，衬托出一池清莹碧水。池中间为一支半球喷头，牵牛花形喷水薄而透亮，姿态优美。池面水纹涟漪、波光粼粼，水声轻微，带出空间的柔美和幽雅。一些购物空间内的水景，往往又是另外一番情景，日本大阪全长800m的彩虹地下商业街，有五个广场：爱的广场，镜的广场，光的广场、绿的广场和水的广场。“爱的广场”两旁壁面上装饰着18块浮雕，使行人感到无比亲切温暖。“镜的广场”中壁面和柱子用镜面铺贴，映照出四周的人群和景物。“光的广场”是大阪上空星光灿烂的再现，照明灯光闪烁在广场中央的水池和顶棚之间，创造了光的幻想曲。“绿的广场”是一个小型城市公园。“水的广场”有2000个喷嘴形成的水幕，通过灯光照射反映出美丽的人工彩虹，成为彩虹地下街的标志。“水的广场”喷水气势宏伟，色彩缤纷，声响热烈，激动人心，让人驻足观看，流连忘返。

（3）表现空间主题　运用室内水景贴切地表现空间主题。如上海新苑宾馆室内强调江南乡土气息的构思，反映在贯通二层的咖啡座空间中。大面积的粉墙叠嵌有太湖假山石，流水潺潺而下。下面是卵石叠筑成的曲线形水池，池水清澈见底。池中有鱼，池边种植棕竹和翠竹。端部墙上还陈设了斗笠、蓑衣、鱼篓、渔网等饰物，点出了“渔赋”这一空间主题。

水景的氛围，有时还有更深的内蕴。古人有“水令人远”之说。水景启迪人们的想象，让思绪长上翅膀。历来以水喻志、以水言情是人们表达思想情感的一种方式。广州白天鹅宾馆内庭的水景——故乡水，就是寓情于景，表达游子思乡之情的范例。

第四章　栽植与种植工程建设施工技术

第一节　乔灌木栽植施工技术

一、树木定点放线、种植穴挖掘

在绿化种植设计图上，要标明树木的种植位点。栽植施工时，首先要核对设计图与现状地形，然后才开始定点放线。定点放线的方法可根据种植形式来确定。

（1）规则式定点放线　在规则形状的地块上进行规则式乔灌木栽植时，采用规则式定点放线的办法。

1）首先选用具有明显特征的点和线，如道路交叉点、中心线、建筑外墙的墙角和墙脚线、规则形广场和水池的边线等，这些点和线一般都是不会轻易改变的。

2）依据这些特征点线，利用简单的直线丈量方法和三角形角度交会法，就可将设计的每一行树木栽植点的中心连线和每一棵树的栽植位点，都测设到绿化地面上。

3）在已经确定的种植位点上，可用白灰做点，标示出种植穴的中心点。或者在大面积、多树种的绿化场地上，还可用小木桩钉在种植位点上，作为种植桩。种植桩要写上树种代号，以免施工中造成树种的混乱。

4）在已定种植点的周围，还要以种植点为圆心，按照不同树种对种植穴半径大小的要求，用白灰画圆圈，标明种植穴挖掘范围。

（2）自然式定点放线　对于在自然地形上按照自然式配植树木的情况，一般要采用坐标方格网方法。

1）定点放线前，首先在种植设计图上绘出施工坐标方格网。

2）然后用测量仪器将方格网的每一个坐标点测设到地面，再钉下坐标桩。

3）依据各方格坐标桩，采用直线丈量和角度交会方法，测设出每一棵树木的栽植位点。

4）测定下来的栽植点，也用作画圆的圆心，按树种所需穴坑大小，用石灰粉画圆圈，定下种植穴的挖掘线。

（3）种植穴挖掘技术要点

1）种植穴大小。种植穴的大小一般取其根茎直径的6～8倍，如根茎直径为10cm，则种植穴直径大约为70cm。但是，若绿化用地的土质太差，又没经过换土，种植穴的直径则还应该大一些。种植穴的深度，则应略比苗木根茎以下土球的高度更深一点。

2）种植穴形状。种植穴的形状一般为直筒状，穴底挖平后把底土稍耙细，保持平底状。注意：穴底不能挖成尖底状或锅底状。

3）回填土挖穴。在新土回填的地面挖穴，穴底要用脚踏实或夯实，以免后来灌水时渗漏太快。

4）斜坡上挖穴。在斜坡上挖穴时，应先将坡面铲成平台，然后再挖种植穴，而穴深则按穴口的下沿计算。

5）去杂或换土。挖穴时若土中含有少量碎块，就应除去碎块后再用；挖出的坑土若含碎砖、瓦块、灰团太多，就应另换好土栽树。如果挖出的土质太差，也要换成客土。

6）特殊情况处理。在开挖种植穴过程中，如发现有地下电缆、管道，应立即停止作业，马上与有关部门联系，查清管线的情况，商量解决办法。如遇有地下障碍物严重影响操作，可与设计人员协商移位重挖。

7）用水浸穴。在土质太疏松的地方挖种植穴，于栽树之前可先用水浸穴，使穴内土壤先行沉降，以免栽树后沉降使树木歪斜。浸穴的水量，以一次灌到穴深的2/3处为宜。浸穴时如发现有漏水地方，应及时堵塞。待穴中全部均匀地浸透以后，才能开始种树。

8）上基肥。种植穴挖好之后，一般情况下就可直接种树。但若种植土太瘠薄，就要在穴底垫一层基肥，基肥层以上还应当铺一层厚5cm以上的土壤。基肥尽可能选用经过充分腐熟的有机肥，如堆肥、厩肥等。条件不允许时，一般施些复合肥，或根据土壤肥力有针对性地选用氮、磷、钾肥。

二、一般乔灌木栽植技术

1. 实际案例展示

2. 苗木准备

（1）苗木规格要求　园林绿化所用树苗，应选择树干通直、树皮颜色新鲜、树势健旺的；而且应该是在育苗期内经过1～3次翻栽，根群集中在树蔸的苗木。育苗期中没经过翻栽的留床老苗最好不要用，其移栽成活率比较低，移栽成活后多年的生长势都很弱，绿化效果不好。在使用大量苗木进行绿化时，苗木的大小规格应尽量一致，以使绿化效果能够比较统一。

（2）带土球挖掘　常绿树苗木应当带有完整的根团土球，土球散落的苗木成活率会降低。一般的落叶树苗木也应带有土球，但在秋季和早春起苗移栽时，也可裸根起苗。

（3）裸根运输要求　裸根苗木如果运输距离比较远，需要在根蔸里填塞湿草，或外包塑料薄膜保持湿润，以免树根失水过多，影响移栽成活率。

（4）根叶修剪　为了减少树苗体内水分的散失，提高移栽成活率，还可将树苗的每一叶片都剪掉1/2，剪去腐烂根或过长根，以减少树叶的蒸腾面积和水分散失量。

3. 树木假植

凡是苗木运到后在几天以内不能按时栽种，或是栽种后苗木有剩余的，都要进行假植。假植又分为有带土球假植与裸根假植两种情况。

（1）带土球苗木假植　假植时可将苗木的树冠捆扎收缩起来，使每一棵树苗都是土球挨土球、树冠靠树冠，密集地挤在一起。然后，在土球层上面铺一层壤土，填满土球间的缝隙；再对树冠及土球均匀地洒水，使土面湿透，以后仅保持湿润就可以了。或者，把带着土球的苗木临时性地栽到一块绿化用地上，土球埋入土中1/3～1/2深，株距则视苗木假植时间长短和土球、树冠的大小而定。一般土球与土球之间相距15～30cm即可。苗木成行列式栽好后，浇水保持一定湿度即可。

（2）裸根苗木假植　对裸根苗木，一般采取挖沟假植方式。先要在地面挖浅沟，沟深40～60cm。然后将裸根苗木一棵棵紧靠着呈30°斜栽到沟中，使树梢朝向西边或朝向南边。如树梢向西，开沟的方向为东西向；若树梢向南，则沟的方向为南北向。苗木密集斜栽好以后，在根蔸上分层覆土，层层插实。以后经常对枝叶喷水，保持湿润。

不同的苗木假植时，最好按苗木种类、规格分区假植，以方便绿化施工。假植区的土质不宜太泥泞、地面不能积水，在周围边沿地带要挖沟排水。假植区内要留出起运苗木的通道。在太阳特别强烈的日子里，假植苗木上面应该设置遮光网，以减弱光照强度。

4. 乔灌木定植施工方法

按照设计位置，把树木永久性地栽植到绿化地点，称为定植。

（1）确定定植季节　树木定植的季节最好选在初春和秋季。一般树木在发芽之前栽植最好，但若是经过几次翻栽又是土球完整的少量树木栽种，也可在除开最热和最冷时候的其他季节中进行。如果是大量栽植树木，还是应选在春秋季节为好。

（2）定植施工方法

1）将苗木的土球或根蔸放入种植穴内，使其居中。

2）将树干立起、扶正，使其保持垂直。

3）然后分层回填种植土，填土后将树根稍向上提一提，使根群舒展开。每填一层土就要用锄把将土插紧实，直到填满穴坑，并使土面能够盖住树木的根颈部位。

4）初步栽好后还应检查一下树干是否仍保持垂直，树冠有无偏斜；若有所偏斜，就要再加扶正。

5）最后，把余下的穴土绕根茎一周进行培土，做成环形的拦水围堰。其围堰的直径应略大于种植穴的直径。堰土要拍压紧实，不能松散。

6）做好围堰后，往树下灌一次透水。灌水中树干有歪斜的，还要进行扶正。

三、行道树的种植施工

1. 实际案例展示

2. 行道树的种植季节、挖苗和运输

（1）种植季节　行道树的种植，一般在春季树叶萌动前，秋季树木营养生长停止后，

均可进行，常绿大乔木最好在春季进行栽植。

（2）挖苗　行道树一般都是大规格的常绿或落叶乔木。挖苗前，先将苗木的枝叶用草绳围拢。起苗时，裸根苗尽量挖大、挖深一些，使根系少受损伤。带土球的树，按大树移植土球规格挖起，并用草绳打好包，以保证树木的成活率。

（3）运输　行道树规格一般都较大，应随挖、随包、随运、随栽。运苗时，要注意轻装、轻放，防止树干擦伤、根枝折断和土球散包。按苗木长距离运输的操作要求进行装车运输，保证苗木质量。

3. 种植方式

行道树的种植方法有两种，即树池式和种植带式。

（1）树池式　在行人多、交通量大、人行道又狭窄的街道上，通常采用树池种植行道树。树池的形状一般为方形，也有圆形的，其边长或直径不得小于1.5m。长方形的树池其短边不得小于1.2m。树离道路侧边的距离不少于1m。行道树的种植点，应在树池的几何中心位置。为防止行人踏踩池土，影响树池土壤空气流通和水分渗透，树池的边缘应高出人行道8~10cm。在缺少雨水的地区和不能保证按时浇水的地方，树池可做得与人行道相平，池土略低于地面。这样既方便雨水流入池内，也可避免池中泥土溢出路面。在有条件的地方，可在树池上覆盖透空的混凝土或金属池盖（与路面等高）。这样，一方面增加了人行道的宽度，又能避免踏踩池土，影响行道树的生长，还有利于雨水的渗入，并可在树池的裸土上种植草皮或草花。

（2）种植带式　在人行道和车行道之间，留一条不加铺装的树木种植带。种植带的宽度视具体情况而定，一般不得小于1.5m，但以5~6m为最好。种植带的行道树下，还可种植与之相协调的地被植物，以增强种植带的防护作用和绿化、美化效果。

4. 行道树的补植

行道树的环境是一个复杂的综合体，受着光照、温度、空气、风向、风力、土壤、水分、地上、地下管线、人流量、交通等诸多因素的制约和影响。行道树的生长，很可能因某种因素的影响而受到破坏以致死亡。因此，行道树的补种是一项不可忽略的工作。补植行道树，应选择与定植树木大小和高矮一致、树冠的冠幅和树干质量一致的树，按大树移栽操作规程进行补植，保证行道树的整齐、美观，生长旺盛。

5. 行道树的保护

行道树的保护是行道树茁壮生长的必要条件。要适时灌水、中耕、除草，经常保持树木周围地面土壤疏松，及时整形修剪，保持其树形整齐美观。在雨季，要防止树木歪斜，对个别歪倒树木应及时扶正、培土、加立支柱。要防止人、车损害行道树。冬季用生石灰12~13kg，石灰硫黄合剂原液2kg，食盐1kg，清水36kg，先将生石灰发湿，待其消解成粉状后，加入石灰硫黄合剂原液、食盐等，用水调和成白涂剂，涂刷树干，防止病虫侵袭，减轻翌年病虫危害。

四、风景树木栽植技术

1. 实际案例展示

2. 孤立树栽植

（1）位置选定　孤立树可能被配植在草坪上、岛上、山坡上等处，一般是作为重要风景树栽种的。

（2）树形要求　用作孤植的树木，要求树冠广阔或树势雄伟，或者是树形美观、开花繁盛也可以。

（3）栽植技术

1）栽植时，具体技术要求与一般树木栽植基本相同。

2）种植穴应挖得更大一些，土壤要更肥沃一些。

3）根据构图要求，要调整好树冠的朝向，把最美的一面向着空间最宽最深的一方。

还要调整树形姿态，树形适宜横卧、倾斜的，就要将树干栽成横、斜状态。栽植时对树形姿态的处理，一切以造景的需要为准。

4）树木栽好后，要用木杆支撑树干，以防树木倒下，1 年以后即可以拆除支撑。

3. 树丛栽植

风景树丛一般是用几株或十几株乔木灌木配植在一起；树丛可以由一个树种构成，也可以由两个以上直至七八个树种构成。

（1）树形要求　选择构成树丛的材料时，要注意选树形有对比的树木，如柱状的、伞形的、球形的、垂枝形的树木，各自都要有一些，在配成完整树丛时才好使用。

（2）栽植技术

1）一般来说，树丛中央要栽最高的和直立的树木，树丛外沿可配较矮的和伞形、球形的植株。

2）树丛中个别树木采取倾斜姿势栽种时，一定要向树丛以外倾斜，不得反向树丛中央斜去。

3）树丛内最高最大的主树不可斜栽。

4）树丛内植株间的株距不应一致，要有远有近，有聚有散。栽得最密时，可以土球挨着土球栽，不留间距。栽得稀疏的植株，可以和其他植株相距5m以上。

4. 风景林栽植

风景林一般用树形高大雄伟的或树形比较独特的树种群植而成。如青松、翠柏、银杏、樟树、广玉兰等，就是常用的高大雄伟树种；柳树、水杉、蒲葵、椰子树、芭蕉等，就是树形比较奇特的风景林树种。风景林栽植施工中主要应注意下述三方面的问题。

（1）林地整理

1）首先要清理林地，地上地下的废弃物、杂物、障碍物等都要清除出去。通过整地，将杂草翻到地下，把地下害虫的虫卵、幼虫和病菌翻上地面，经过低温和日照将其杀死，减少病虫对林木危害，提高林地树木的成活率。

2）土质瘦瘠密实的，要结合着翻耕松土，在土壤中掺和进有机肥料。

3）林地要略为整平，并且要整理出1%以上的排水坡度。当林地面积很大时，最好在林下开辟几条排水浅沟，与林缘的排水沟联系起来，构成林地的排水系统。

（2）林缘放线　林地准备好之后，应根据设计图将风景林的边缘范围线放大到林地地面上。

1）放线方法可采用坐标方格网法。林缘线的放线一般所要求的精确度不是很高，有一些误差还可以在栽植施工中进行调整。

2）林地范围内树木种植点的确定有规则式和自然式两种方式。规则式种植点可以按设计株行距以直线定点，自然式种植点的确定则允许现场施工中灵活定点。

（3）林木配植技术

1）风景林内，树木可以按规则的株行距栽植，这样成林后林相比较整齐；但在林缘部分，还是不宜栽得很整齐，不宜栽成直线形；要使林缘线栽成自然曲折的形状。

2）树木在林内也可以不按规则的株行距栽，而是在2～7m的株行距范围内有疏有密地栽成自然式；这样成林后，树木的植株大小和生长表现就比较不一致，但却有了自然丛林般的景观。

3）栽于树林内部的树，可选树干通直的苗木，枝叶稀少点也可以；处于林缘的树木，则树干可不必很通直，但是枝叶还是应当茂密一些。

4）风景林内还可以留几块小的空地不栽树木，铺种上草皮，作为林中空地通风透光。

5）林下还可选耐阴的灌木或草本植物覆盖地面，增加林内景观内容。

五、乔木养护管理

1. 实际案例展示

2. 工具配置

锄头、草剪、高枝剪、木梯、护树桩、护树板、绑带、钳子、锯子。

3. 工作内容

（1）修剪　从5月份开始，每月修剪1次，主要修萌枝、下垂枝、干枯枝、侧缘线以及下缘线，下缘线高1.8~2.5m，开花植物应在花芽萌动前进行，乔木整形要与周围环境协调，以增强园林美化效果。

（2）施肥　一般在2~3月和8~9月采用对角埋施，肥穴规格30cm×30cm×40cm，施肥量根据树木种类和生长情况而定，一般2~3kg/株，施肥种类采用复合肥与花生麸等基肥相结合。

（3）补植　对因市政工程、交通事故、病虫害等原因造成死亡的树木，应及时清走，补回与原树种种类相同、规格基本一致的植株，并加强管理。

（4）防台风　每年台风前（6~7月份）要对乔木合理修剪，加固护树桩或支架，台风后立即扶树、护树、清理断枝、落叶。

（5）加护树桩（板）和绑带　对护树桩、护树板受到损坏或歪斜须及时进行扶正、加固或更换，同时每年将护树绑带放松1~2次，以防止橡胶带嵌入树皮内。

（6）松土、整理养护穴　新植乔木（1～3 年）及棕榈科植物保留植穴径 80cm，每年进行 1～2 次松土、培土，3 年以上乔木根已扎深可不保留植穴并回填土（棕榈科植物除外）。

（7）淋水　新种乔木在施肥时，要保证足够的水分。新补植乔木，一个周内每天淋水 1 次；棕榈科植物在冬季（ 11 月到次年 2 月）需 2 天淋水 1 次，其他乔木冬季 2～5 天淋水1 次。

第二节　花坛施工技术

一、定点放线

1）根据设计图和地面坐标系统的对应关系，用测量仪器把花坛群的中心点，即中央主花坛的中心点的坐标测设到地面上。

2）把纵横中轴线上的其他次中心点的坐标测设下来，将各中心点连线，即在地面上放出花坛群的纵轴线和横轴线。

3）然后再依据纵横轴线，量出各处个体花坛的中心点，这样就可把所有花坛的位置在地面上确定下来。

4）每一个花坛的中心点上，都要在地上钉一个小木桩作为中心桩。

（1）个体花坛的放线　对个体花坛，只要将其边线放大到地面上就可以了。正方形、长方形、三角形、圆形或扇形的花坛，只要量出边长和半径，都很容易放出其边线来。而椭圆形、正多边形花坛的放线就要复杂一点。对照图 4-1～图 4-5 所示，来看看这两类花坛的放线方法。

（2）正五边形花坛的放线　如图 4-1 所示，已知一个边长。

1）分别以 A、B 为圆心，AB 为半径，作圆交于 C 及 D。

2）以 C 为圆心，CA 为半径，作弧与两圆分别交于 E、F，与 CD 交于 G，连接 EG、FG 并延长，分别与两圆交于 K、L。

3）分别以 K、L 为圆心，AB 为半径，作弧交于 M。

4）分别连接 AL、BK、LM、KM，即为正五边形 $ABKML$。

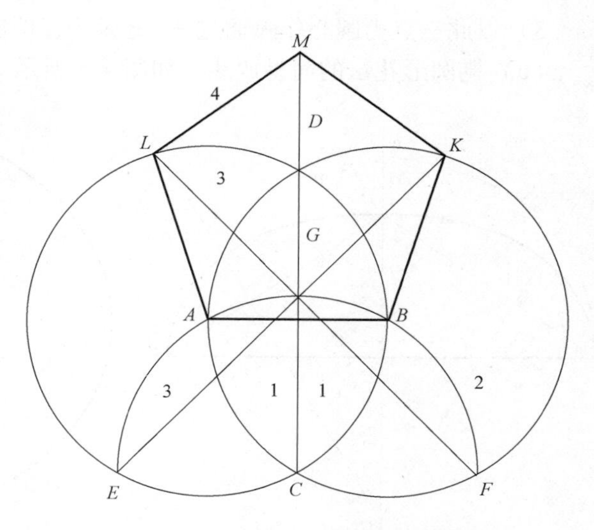

图 4-1　正五边形花坛的放线

（3）正多边形花坛的放线　如图 4-2 所示，已知一边为 AB。

1）延长 AB，使 $BD = AB$，并分 AD 为几等分（本例为九等分）。

2）以 A 、D 为圆心，AD 为半径，作

弧得交点 *E*。

3）以 *B* 为圆心，*BD* 为半径，作弧与 *EZ* 的延长线交于 *G*。

4）过 *A*、*B* 及 *C* 点的圆即正几边形的外接圆。

（4）椭圆形花坛的放线　如图 4-3 所示，已知长短轴 *AB*、*CD*。

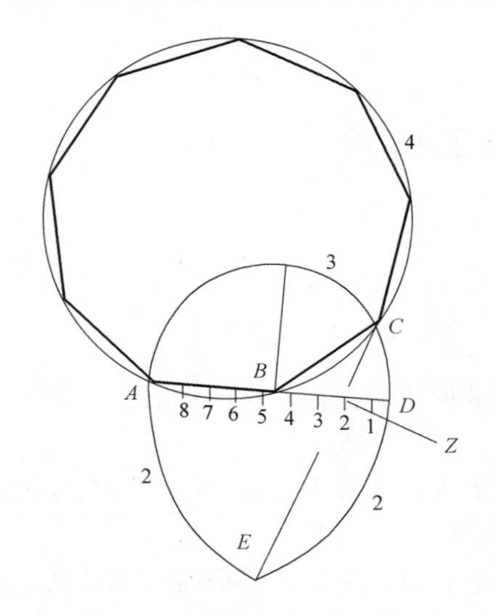

图 4-2　正多边形花坛的放线

图 4-3　椭圆形花坛的放线

1）以 *AB* 、*CD* 为直径作同心圆。

2）作若干直径，自直径与大圆的交点作垂线与小圆交点作水平线相交，即得椭圆轨迹。

（5）以三心拱曲线作椭圆　如图 4-4 所示，已知拱底宽 *AB* 及拱高 *CD*。

1）连接 *AD* 、*BD*，以 *C* 为圆心，*AC* 为半径作弧交 *CD* 的延长线于 *E*。

2）以 *D* 为圆心，*DE* 的中垂线可得 O_1、O_2 及 O_3。

3）以此三点为圆心作弧通过 *A*、*B* 及 *D*，即所求曲线。

（6）椭圆形花坛的简易放线　如图 4-5 所示。

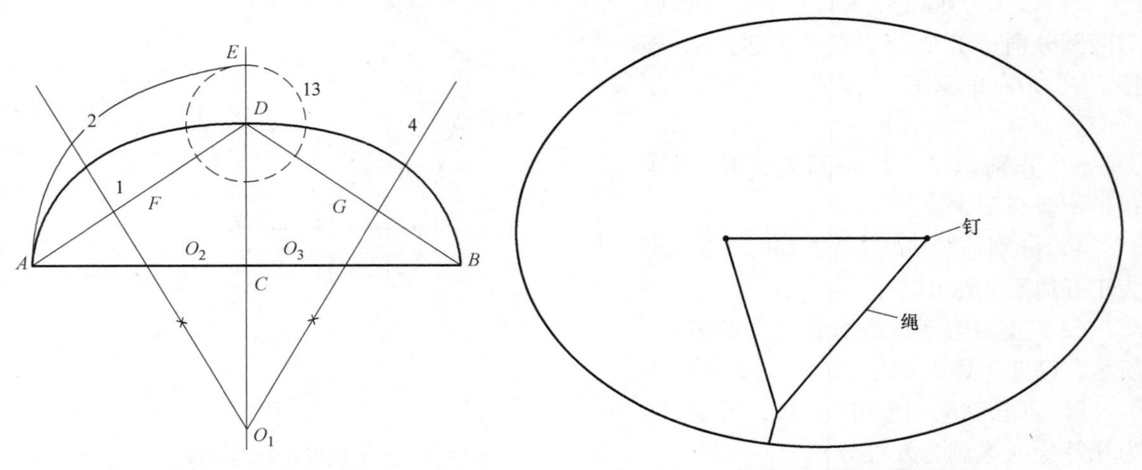

图 4-4　三心拱曲线作椭圆

图 4-5　椭圆形花坛的简易放线

1）在地面上钉两个十木桩，取椭圆纵轴长度作为两木桩的间距。
2）再取一根绳子，两端结在一起构成环状，绳子长度为木桩间距的 3 倍。
3）将环绳套在两个木桩上，绳上拴一根长钢钉用来在地面画线。
4）牵动绳子转圈画线，椭圆形就画成了。
5）画圆时注意：绳子一定要拉紧，先画一侧的弧线，再翻过去画另一侧的弧线。

二、花坛边缘石砌筑、种植床整理

1. 实际案例展示

2. 花坛边缘石砌筑

花坛工程的主要工序就是砌筑边缘石。
（1）花坛边沿基础处理

1）放线完成后，应沿着已有的花坛边线开挖边缘石基槽。

2）基槽的开挖宽度应比边缘石基础宽 10cm 左右，深度可在 12～20cm。

3）槽底土面要整平、夯实。

4）有松软处要进行加固，不得留下不均匀沉降的隐患。

5）在砌基础之前，槽底还应做一个 3～5cm 厚的粗砂垫层，作基础施工找平用。

（2）花坛边缘石砌筑

1）边缘石一般是以砖砌筑的矮墙，高 15～45cm，其基础和墙体可用 1:2 水泥砂浆或 M2.5 混合砂浆砌 MU7.5 标准砖做成。

2）矮墙砌筑好之后，回填泥土将基础埋上，并夯实泥土。

3）再用水泥和粗砂配成 1:2.5 的水泥砂浆，对边缘石的墙面抹面，抹平即可，不要抹光。

4）最后，按照设计，用磨制花岗石石片、釉面墙地砖等贴面装饰，或者用彩色水磨石、干粘石等方法饰面。

（3）其他装饰构件的处理

1）有些花坛边缘还可能设计有金属矮栏花饰，应在边缘石饰面之前安装好。

2）矮栏的柱脚要埋入边缘石，用水泥砂浆浇筑固定。

3）待矮栏花饰安装好后，才进行边缘石的饰面工序。

3. 花坛种植床整理

（1）翻土、去杂、整理、换土

1）在已完成的边缘石圈子内，进行翻土作业。

2）一面翻土，一面挑选、清除土中杂物。

3）若土质太差，应当将劣质土全清除掉，另换新土填入花坛中。

（2）施基肥　花坛栽种的植物都是需要大量消耗养料的，因此花坛内的土壤必须很肥沃。在花坛填土之前，最好先填进一层肥效较长的有机肥作为基肥，然后才填进栽培土。

（3）填土、整细

1）一般的花坛，其中央部分填土应该比较高，边缘部分填土则应低一些。

2）单面观赏的花坛，前边填土应低些，后边填土则应高些。

3）花坛土面应做成坡度为 5%～10% 的坡面。

4）在花坛边缘地带，土面高度应填至边缘石顶面以下 2～3cm；以后经过自然沉降，土面即降到比边缘石顶面低 7～10cm 之处，这就是边缘土面的合适高度。

5）花坛内土面一般要填成弧形面或浅锥形面，单面观赏花坛的土面则要填成平坦土面或是向前倾斜的直坡面。

6）填土达到要求后，要把土面的土粒整细，耙平，以备栽种花卉植物。

（4）钉中心桩　花坛种植床整理好之后，应当在中央重新栽上中心桩，作为花坛图案放样的基准点。

三、花坛图案放样、花木栽植

1. 实际案例展示

2. 花坛图案放样

花坛的图案、纹样，要按照设计图放大到花坛土面上。

（1）等分花坛表面　放样时，若要等分花坛表面，可从花坛中心桩牵出几条细线，分别拉到花坛边缘各处，用量角器确定各线之间的角度，就能够将花坛表面等分成若干份。

（2）直接放图案纹样　以这些等分线为基准，比较容易放出花坛面上对称、重复的图案纹样。

（3）硬纸板放样　有些比较细小的曲线图样，可先在硬纸板上放样，然后将硬纸板剪成图样的模板，再依照模板把图样画到花坛土面上。

3. 花坛植物的种植类型

（1）花丛式花坛　花丛式花坛是以体现草本花卉植物的华丽色彩为主题。种植花丛花坛，必须选择开花繁茂、花大色艳、枝叶较少、花期一致的草本花卉，以观花不现叶为最佳，充分体现色彩美。花丛花坛的图面体现，可以是平面的，也可以是半球面形的，或者是中间高四周低的锥状体。

（2）模纹式花坛　模纹式花坛又称图案式花坛，以其华丽整齐、图案复杂的纹样为主题，给人以动态美感。模纹式花坛适宜种植色泽各异的耐修剪的观叶植物和花期长、花朵小而密的低矮观花植物，通过不同花卉花色、叶色等色彩的对比，组成精美的图纹装饰。模纹式花坛在选用植物时，应选植株高矮一致、花期一致且着花期长的植物。花坛的表面应修剪得非常平整，使其成为一个美丽细致的平面或平缓的曲面，还可修剪成龟背式、立体花篮式和花瓶式等。

（3）标题式花坛　标题式花坛在形式上与模纹式花坛一样，只不过是表现的形式主题不同。模纹式花坛以装饰性为目的，没有明确的主题思想。而标题式花坛则是通过不同色彩植物组成一定的艺术形象，表达其思想性，如文字花坛、肖像花坛、象征图案花坛等。选用植物与模纹式花坛一样。标题式花坛通常设置在坡地的斜面上。

(4) 草坪花坛　草坪花坛是以草地为底色，配置1年生或2年生花卉或宿根花卉、观叶植物等。草坪花坛既可是花丛式，也可是模纹式。在园林布置中，草坪花坛既点缀了草地，又起着花坛的作用。

4. 花木的栽植技术

(1) 起苗要求

1) 从花圃挖起花苗之前，应先灌水浸湿圃地，起苗时根土才不易松散。

2) 同种花苗的大小、高矮应尽量保持一致，过于弱小或过于高大的都不要选用。

(2) 栽植季节时间

1) 花卉栽植时间，在春、秋、冬三季基本没有限制，但夏季的栽种时间最好在上午时之前和下午时以后，要避开太阳曝晒。

2) 花苗运到后，应即时栽种，不要放了很久才栽种。

(3) 栽植技术要求

1) 栽植花苗时，一般的花坛都从中央开始栽，栽完中部图案纹样后，再向边缘部分扩展栽下去。

2) 在单面观赏花坛中栽植时，则要从后边栽起，逐步栽到前边。

3) 若是模纹花坛和标题式花坛，则应先栽模纹、图线、字形，后栽底面的植物。

4) 在栽植同一模纹的花卉时，若植株稍有高矮不齐，应以矮植株为准，对较高的植株则栽得深一些，以保持顶面整齐。

(4) 栽植株行距　花坛花苗的株行距应随植株大小而确定。

1) 植株小的，株行距可为15cm×15cm。

2) 植株中等大小的，可为（20cm×20cm）~（40cm×40cm）。

3) 对较大的植株，则可采用50cm×50cm的株行距。

4) 五色苋及草皮类植物是覆盖型的草类，可不考虑株行距，密集铺种即可。

(5) 浇透水　花坛栽植完成后，要立即浇一次透水，使花苗根系与土壤密切接合。

四、花坛植物种植施工

1. 实际案例展示

2. 平面式花坛植物种植施工

（1）整地　花坛施工，整地是关键之一。翻整土地深度，一般为 35 ~ 45cm。整地时，要拣出石头、杂物、草根。若土壤过于贫瘠，则应换土，施足基肥。花坛地面应疏松平整，中心地面应高于四周地面，以避免渍水。根据花坛的设计要求，要整出花坛所在位置的地表形状，如半球面形、平面形、锥体形、一面坡式、龟背式等。

（2）放样　按设计要求整好地后，根据施工图样上的花坛图案原点、曲线半径等，直接在上面定点放样。放样尺寸应准确，用灰线标明。对中、小型花坛，可用麻绳或钢丝按设计图摆好图案模纹，画上印痕撒灰线。对图纹复杂、连续和重复图案模纹的花坛，可按设计图用厚纸板剪好大样模纹，按模型连续标好灰线。

（3）栽植　裸根苗起苗前，应先给苗圃地浇 1 次水，让土壤有一定的湿度，以免起苗时伤根。起苗时，应尽量保持根系完整，并根据花坛设计要求的植株高矮和花色品种进行掘取，随起随栽。栽植时，应按先中心后四周、先上后下的顺序栽植，尽量做到栽植高矮一致，无明显间隙。模纹式花坛，则应先栽图案模纹，然后填栽空隙。植株的栽植，过稀过密都达不到丰满茂盛的艺术效果。栽植过稀，植株缓苗后黄土裸露而无观赏效果。栽植过密，植株没有继续生长的空间，以至互相拥挤，通风透光条件差，出现脚叶枯黄甚至霉烂。栽植密度应根据栽植方式、植物种类、分蘖习性等差异，合理确定其株行距。一般春季用花，如金盏菊、红叶甜菜、三色堇、雏菊、羽衣甘蓝、福禄考、瓜叶菊、大叶石竹、金鱼草、虞美人、小叶石竹、郁金香、风信子等，株高为 15 ~ 20cm，株行距为 10 ~ 15cm。夏、秋季用花，如风仙、孔雀草、万寿菊、百日草、矮雪轮、矮牵牛、美人蕉、晚香玉、唐菖蒲、大丽花、一串红、菊花、西洋石竹、紫茉莉、月见草、鸡冠花、千日红等，株高为 30 ~ 40cm，株行距为 15 ~ 25cm。五色草的株行距一般为 2.5 ~ 5.0cm。

带土球苗，起苗时要注意土球完整，根系丰满。若土壤过于干燥，可先浇水，再掘取。若用盆花，应先将盆托出，也可连盆埋入土中，盆沿应埋入地面。一般花坛，有的也可将种子直接播入花坛苗床内。

苗木栽植好后，要浇足定根水，使花苗根系与土壤紧密结合，保证成活率。平时还应除草，剪除残花枯叶，保持花坛整洁美观。要及时杀灭病虫害，补栽缺株。对模纹式花坛，还应经常整形修剪，保持图案清晰、美观。

活动式花坛植物栽植与平面式花坛基本相同，不同的是活动式花坛的植物栽植，在一定造型的可移动的容器内可随时搬动，组成不同的花坛图案。

3. 立体花坛植物种植施工

立体花坛是在立体造型的骨架上，栽植组成的各种植物艺术造型。

（1）花坛的制作　立体花坛一般由木料、砖、钢筋等材料，按设计要求、承载能力和形态效果，做成各种艺术形象的骨架胎模。骨架扎制技术，直接影响花坛的艺术效果。因此，骨架的制作，必须严格按设计技术要求，精心扎制。

（2）栽植土的固定　花坛骨架扎制好后，按造型要求，用细钢丝网或窗纱网或尼龙线网将骨架覆裹固定。视填土部位留 1 个或几个填土口，用土将骨架填满，然后将填土口封好。

（3）栽植　立体花坛的主要植物材料，通常选用五色草。栽植时，用 1 根钢筋或竹竿制作成的锥子，在钢丝网上按定植距离，锥成小孔，将小苗栽进去。由上而下、由内而外顺序栽植。栽植完后，按设计图案要求进行修剪，使植株高度一致。每天喷水 1 ~ 2 次，保持土壤湿润。

五、花坛的管理

（1）浇水　花坛栽植完成后，要注意经常浇水保持土壤湿润，浇水宜在早晚时间。

（2）中耕除草　花苗长到一定高度，出现了杂草时，要进行中耕除草，并剪除黄叶和残花。

（3）病虫害防治　若发现有病虫滋生，要立即喷药杀除。

（4）补栽　如花苗有缺株，应及时补栽。

（5）整形修剪　对模纹、图样、字形植物，要经常整形修剪，保持整齐的纹样，不使图案杂乱。修剪时，为了不踏坏花卉图案，可利用长条木板凳放入花坛，在长凳上进行操作。

（6）施肥　对花坛上的多年生植物，每年要施肥 2 ~ 3 次；对一般的一两年生草花，可不再施肥；如确有必要，也可以进行根外追肥，方法是用水、尿素、磷酸二氢钾、硼酸按 15000:8:5:2 的比例配制成营养液，喷洒在花卉叶面上。

（7）花卉更换　当大部分花卉都将枯谢时，可按照花坛设计中所做的花卉轮替计划，换种其他花卉。

第三节　草坪与地被种植

一、草坪的建造

1. 实际案例展示

2. 草种选择

建造草坪时所选用的草种是草坪能否建成的基本条件。选择草种应考虑以下方面。

（1）了解使用环境条件　适应当地的环境条件，尤其注意适用种植地段的小环境。

（2）掌握使用功能、使用场所　使用场所不同，对草种的选择也应有所不同。

（3）考虑养护管理条件　根据养护管理条件选择。在有条件的地方可选用需精细管理的草种，而在环境条件较差的地区，则应选用抗性强的草种。

总之，选用草种应对使用环境、使用目的及草种本身有充分的了解，才能使草坪充分发挥其功能效益。

3. 场地准备

铺设草坪和栽植其他植物不同，在建造完成以后，地形和土壤条件很难再行改变。要想得到高质量的草坪，应在铺设前对场地进行处理，主要应考虑地形处理、土壤改良及做好排灌系统。

（1）土层的厚度　一般认为草坪植物是低矮的草本植物，没有粗大主根，与乔灌木相比，根系浅。因此，在土层厚度不足以种植乔灌木的地方仍能建造草坪。草坪植物的根系80%分布在40cm以上的土层中，而且50%以上是在地表以下20cm的范围内。虽然有些草坪植物能耐干旱，耐瘠薄，但种在15cm厚的土层上，会生长不良，应加强管理。为了使草坪保持优良的质量，减少管理费用，应尽可能使土层厚度达到40cm左右，最好不小于30cm。在小于30cm的地方应加厚土层。

（2）土地的平整与耕翻　这一工序的目的是为草坪植物的根系生长创造条件。步骤如下。

1）杂草与杂物的清除。清除目的是为了便于土地的耕翻与平整，但更主要的是为了消灭多年生杂草。为避免草坪建成后杂草与草坪草争水分、养料，在种草前应彻底把杂草消灭。可用“草甘膦”等灭生性的内吸传导型除草剂［0.2～0.4mL/m^2（成分量）］，使用后2周可开始种草。此外还应把瓦块、石砾等杂物全部清出场地外。瓦砾等杂物多的土层应用10mm×10mm的网筛过一遍，以确保杂物除净。

2）初步平整、施基肥及耕翻。在清除了杂草、杂物的地面上应初步做一次起高填低的平整。平整后撒施基肥，然后普遍进行一次耕翻。土壤疏松、通气良好有利于草坪植物的根系发育，也便于播种或栽草。

3）更换杂土与最后平整。在耕翻过程中，若发现局部地段土质欠佳或混杂的杂土过多，则应换土。虽然换土的工作量很大，但必要时须彻底进行，否则会造成草坪生长极不一致，影响草坪质量。为了确保新建草坪的平整，在换土或耕翻后应灌一次透水或滚压遍，使坚实不同的地方能显出高低，以利最后平整时加以调整。

（3）排水及灌溉系统

1）草坪与其他场地一样，需要考虑排除地面水，因此，最后平整地面时，要结合考虑地面排水问题，不能有低凹处，以避免积水。做成水平面也不利于排水，草坪多利用缓坡来排水。在一定面积内修一条缓坡的沟道，其最底下的一端可设雨水口接纳排出的地面水，并经地下管道排走，或以沟直接与湖池相连。理想的平坦草坪的表面应是中部稍高，逐渐向四周或边缘倾斜。建筑物四周的草坪应比房基低5cm，然后向外倾斜。

2）地形过于平坦的草坪或地下水位过高或聚水过多的草坪、运动场的草坪等均应设置暗管或明沟排水，最完善的排水设施是用暗管组成一系统与自由水面或排水管网相连接。

3）草坪灌溉系统是兴造草坪的重要项目，目前国内外草坪大多采用喷灌。为此，在场地最后整平前，应将喷灌管网埋设完毕。

二、种植方法

有了合适的草源和准备好的土地，就可以种草。用播种、铺草块、栽草根或栽草蔓等方法均可。

（1）播种法　一般用于结籽量大而且种子容易采集的草种。如野牛草、羊茅、结缕草、苔草、剪股颖、早熟禾等都可用种子繁殖。要取得播种的成功，应注意以下几个问题。

1）种子的质量。质量是指两方面，一般要求纯度在90%以上，发芽率在50%以上。

2）种子的处理。有的种子发芽率不高并不是因为质量不好，而是因各种形态、生理原因所致。为了提高发芽率，达到苗全、苗壮的目的，在播种前可对种子加以处理。如细叶苔草的种子可用流水冲洗数十小时；结缕草种子用0.5%的NaOH浸泡48h，用清水冲洗后再播种；野牛草种子可用机械的方法搓掉硬壳等。

3）播种量和播种时间。草坪种子播种量越大，见效越快，播后管理越省工。种子有单播和2～3种混播的。单播时，一般用量为10～20g/m^2。应根据草种、种子发芽率等而定。混播则是在依靠基本种子形成草坪以前的期间内，混种一些覆盖性快的其他种子。

播种时间；暖季型草种为春播，可在春末夏初播种，冷季型草种为秋播，北方最适合的播种时间是9月上旬。

4）播种方法。有条播及撒播。条播有利于播后管理，撒播可及早达到草坪均匀的目的。条播是在整好的场地上开沟，深5～10cm，沟距15cm，用等量的细土或砂与种子拌匀撒入沟内。不开沟为撒播，播种人应做回纹式或纵横向后退撒播。播种后轻轻耙土镇压使种子入土 0.2～1cm。播前灌水有利于种子的萌发。

5）播后管理。充分保持土壤湿度是保证出苗的主要条件。播种后根据天气情况每天或隔天喷水，幼苗长至 3～6cm 时可停止喷水，但要经常保持土壤湿润，并要及时清除杂草。

（2）栽植法　用植株繁殖较简单，能大量节省草源，一般 $1m^2$ 的草块可以栽成 5～10m 或更多一些。与播种法相比，此法管理比较方便，因此已成为我国北方地区种植匍匐性强的草种的主要方法。

1）种植时间。全年的生长季均可进行。但种植时间过晚，当年就不能覆满地面。最佳的种植时间是生长季中期。

2）种植方法。分条栽与穴栽。草源丰富时可以用条栽，在平整好的地面以 20～40cm 为行距，开 5cm 深的沟，把撕开的草块成排放入沟中，然后填土、踩实。同样，以 20～40cm 为株行距穴栽也是可以的。

3）提高种植效果的措施。为了提高成活率，缩短缓苗期，移植过程中要注意两点：一是栽植的草要带适量的护根土（心土）；二是尽可能缩短掘草到栽草的时间，最好是当天掘草当天栽。栽后要充分灌水，清除杂草。

（3）铺栽法　这种方法的主要优点是形成草坪快，可以在任何时候（北方封冻期除外）进行，且栽后管理容易。缺点是成本高，并要求有丰富的草源。

1）选定草源。要求草生长势强，密度高，而且有足够大的面积为草源。

2）铲草皮。先把草皮切成平行条状，然后按需要横切成块，草块大小根据运输方法及操作是否方便而定，大致有以下几种：45cm×30cm、60cm×30cm、30cm×12cm 等。草块的厚度为 3～5cm，国外大面积铺栽草坪时，也常见采用圈毯式草皮。

3）草皮的铺栽方法。常见下列三种。

① 无缝铺栽：这是不留间隔全部铺栽的方法。草皮紧连，不留缝隙，相互错缝。要求快速造成草坪时常使用这种方法。草皮的需要量和草坪面积相同（100%）。

② 有缝铺栽：各块草皮相互间留有一定宽度的缝进行铺栽。缝的宽度为 4～6cm，当缝宽为 4cm 时，草皮必须占草坪总面积的 70%。

③ 方格形花纹铺栽：这种方法虽然建成草坪较慢，但草皮的需用量只需占草坪面积的 50%。

（4）草坪植生带铺栽的方法　草坪植生带是用再生棉经一系列工艺加工制成的有一定拉力、透水性良好、极薄的无纺布，并选择适当的草种、肥料按一定的数量、比例通过机器撒在无纺布上，在上面再覆盖一层无纺布，经黏合滚压成卷制成。它可以在工厂中采用自动化的设备连续生产制造，成卷入库，每卷 $50m^2$ 或 $100m^2$，幅宽 1m 左右。

在经过整理的地面上满铺草坪植生带，覆盖 1cm 筛过的生土或河沙，早晚各喷水一次，一般 10～15 天（有的草种 3～5 天）即可发芽，1～2 个月就可形成草坪，覆盖率 100%，成草迅速，无杂草。

（5）吹附法　近年来国内外也有用喷播草籽的方法培育草坪，即用草坪草种子加上泥炭（或纸浆）、肥料、高分子化合物和水混合浆，储存在容器中，借助机械力量喷到需育草的地面或斜坡上，经过精心养护育成草坪。

三、草坪养护管理技术

1. 实际案例展示

2. 浇灌

草坪植物的含水量占鲜重的75%～85%，叶面的蒸腾作用要耗水，根系吸收营养物质必须有水作媒介，营养物质在植物内的输导也离不开水，一旦缺水，草坪生长衰弱，覆盖度下降，甚至会枯黄而提前休眠。据调查，未加人工灌溉的野牛草草坪至5月末每平方米仅有匍匐枝40条，而加以灌溉的草坪每平方米的匍匐枝可达240条，前者的覆盖率是70%，后者是100%，因此建造草坪时必须考虑水源，草坪建成后必须合理灌溉。

（1）水源与灌溉方法

1）水源。没有被污染的井水、河水、湖水、水库存水、自来水等均可作灌溉水水源。

国内外目前试用城市“中水”作绿地灌溉用水。随着城市中绿地不断增加，用水量大幅度上升，给城市供水带来很大的压力。“中水”不失为一种可靠地水源。

2）灌溉方法。有地面漫灌、喷灌和地下灌溉等。

① 地面漫灌是最简单的方法，其优点是简便易行，缺点是耗水量大，水量不够均匀，坡度大的草坪不能使用。采用这种灌溉方法的草坪表面应相当平整，且具有一定的坡度，理想的坡度是0.5%～1.5%。这样的坡度用水量最经济，但大面积草坪要达到以上要求，较为困难，因而有一定局限性。

② 喷灌是使用设备令水像雨水一样淋到草坪上。其优点是能在地形起伏变化大的地方或斜坡使用，灌溉量容易控制，用水经济，便于自动化作业。主要缺点是建造成本高。但此法仍为目前国内外采用最多的草坪灌水方法。

③ 地下灌溉是靠用细管作用从根系层下面设的管道中的水由下向上供水。此法可避免土壤紧实，并使蒸发量及地面流失量减到最低程度。节省水是此法最突出的优点。然而由于设备投资大，维修困难，因而使用此法灌水的草坪甚少。

（2）灌水时间　在生长季节，根据不同时期的降雨量及不同的草坪适时灌水是极为重要的，一般可分为三个时期。

1）返青到雨季前。这一阶段气温逐渐上升，蒸腾量大，需水量大，是一年中最关键的灌水时期。根据土壤保水性能的强弱及雨季来临的时期可灌水 2 ~4 次。

2）雨季。基本停止灌水。这一时期空气湿度较大，草的蒸腾量下降，而土壤含水量已提高到足以满足草坪生长需要的水平。

3）雨季后至枯黄前。这一时期降水量少，蒸发量较大，而草坪仍处于生命活动较旺盛阶段，与前两个时期相比，这一阶段草坪需水量显著提高，如不能及时灌水，不但影响草坪生长，还会引起提前休眠。在这一阶段，可根据情况灌水 4 ~5 次。此外，在返青时灌返青水，在北方封冻前灌封冻水也都是必要的。总之，草种不同，对水分的要求不同，不同地区的降水量也有差异。因而，必须根据气候条件与草坪植物的种类来确定灌水时期。

（3）灌水量　每次灌水的水量应根据土质、生长期、草种等因素而确定。以湿透根系层，不发生地面径流为原则。如北京地区的野牛草草坪，每次灌水的用水量为 0.04 ~ 0.10t/m^2。

3. 施肥

为保持草坪叶色嫩绿、生长繁密，必须施肥。

（1）施肥种类　草坪植物主要是进行叶片生长，并无开花结果的要求，所以氮肥更为重要，施氮肥后的反应也最明显。在建造草坪时应施基肥，草坪建成后在生长季施追肥。

（2）施肥季节　寒季型草种的追肥时间最好在早春和秋季。第一次在返青后，可起促进生长的作用；第二次在仲春。天气转热后，应停止追肥。秋季施肥可于 9 月、10 月进行。暖季型草种的施肥时间是在晚春。在生长季每月应追一次肥，这样可增加枝叶密度，提高耐践性。最后一次施肥北方地区不能迟于 8 月中旬，而南方地区不应晚于 9 月中旬。

（3）施肥量　表 4-1 是不同草种的草坪施肥量，可供参考。

表 4-1　不同草种的草坪施肥量

喜肥程度	施肥量(按纯氮计)/[g/(月 · m^2)]	草种
最低	0 ~2	野牛草
低	1 ~3	紫羊茅、加拿大早熟禾
中等	2 ~5	结缕草、黑麦草、普通早熟禾
高	3 ~8	草地早熟禾、剪股颖、狗牙根

4. 修剪

修剪能控制草坪高度，促进分蘖，增加叶片密度，抑制杂草生长，使草坪平整美观。

（1）修剪次数　一般的草坪一年最少修剪 4 ~5 次，北京地区野牛草草坪每年修剪 3 ~5 次较为合适，而上海地区的结缕草草坪每年修剪 8 ~12 次较为合适。国外高尔夫球场内精细管理的草坪一年要经过上百次的修剪。据国外报道，多数栽培型草坪全年共需修剪 30 ~50 次，正常情况下 1 周一次，4 ~6 月常需 1 周剪轧 2 次。

（2）修剪高度　修剪的高度与修剪的次数是两个相互关联的因素。修剪时的高度要求越低，修剪次数就越多，这是进行养护草坪所需要的。草的叶片密度与覆盖度也随修剪次数的增加而增加。应根据草的剪留高度进行有规律的修剪，当草达到限定高度的 1.5 倍时就要修剪，最高不得越过规定高度的 2 倍，各种草的最适剪留高度见表 4-2。

表 4-2 各种草的最适剪留高度

相对修剪程度	剪留高度/cm	草　　种
极低	0.5～1.3	匍匐剪股颖、绒毛剪股颖
低	1.3～2.5	狗牙根、细叶结缕、细弱剪股颖
中等	2.5～5.1	野牛草、紫羊茅,草地早熟禾、黑麦草、结缕草、假俭草
高	3.5～7.5	苇状羊茅、普通早熟禾
较高	7.5～10.2	加拿大早熟禾

（3）剪草机　修剪草坪一般都用剪草机，多用汽油机或柴油机作动力，小面积草坪可用侧挂式割灌机，大面积草坪可用机动旋转式剪草机和其他大型剪草机。

5. 除杂草

防、除杂草的最根本方法是合理地施肥浇水，促进目的草的生长趋势，增强与杂草的竞争力，并通过多次修剪，抑制杂草的发生。一旦发生杂草侵害，可采用以下两种办法来处理。

（1）人工方法除草　用人工“剔除”。

（2）化学方法除草

1）用 2，4-D 类除草剂杀死双子叶杂草。

2）用西马津、扑草净、敌草隆等起封闭土壤作用，抑制杂草的萌发或杀死刚萌发的杂草。

3）用灭生性除草剂草甘膦、百草枯等作草坪建造前或草坪更新时除防杂草。

4）注意：除草剂的使用比较复杂，效果好坏随很多因素而变，使用不正确会造成很大的损失，因此使用前应慎重做试验和准备，使用的浓度、工具应专人负责。

6. 通气

通气即在草坪上扎孔打洞，目的是改善根系通气状况，调节土壤水分含量，以有利于提高施肥效果。

（1）打孔技术要求

1）一般要求 50 穴/m^2，穴间距 15cm×5cm，穴径 1.5～3.5cm，穴深 8cm 左右。

2）可用中空铁钎人工扎孔，也可采用草坪打孔机（恢复根系通气性）施行。

（2）草坪的复壮更新　草坪承受过较大负荷或经受负荷作用，土壤板结，可采用草坪垂直修剪机，用铣刀挖出宽 1.5～2cm、间距为 25cm、深约 18cm 的沟，在沟内填入多孔材料（如海绵土），把挖出的泥土翻过来，并把剩余泥土运走，施入高效肥料，以至补播草籽，加强肥水管理，使草坪能很快生长复壮。

四、地被植物的种植施工

1. 实际案例展示

2. 地被植物在园林绿化中的功效

园林地被植物是园林绿化的重要组成部分，是园林造景的重要植物材料，在提高园林绿化质量中起着重要的作用。它不仅能丰富园林景色，增加植物层次，组成不同意境，给人一种舒适清新、绿荫覆盖、四季有花的环境，让游人有常来常新的感觉，而且还由于叶面系数的增加，能够调节气候，减弱日光反射，降低风速，吸附滞留尘埃，减少空气中含尘量和细菌的传播，降低气温，改善空气湿度，覆盖裸露地面，防止雨水冲刷，护堤护坡，保持水土。

3. 地被植物的应用类型

（1）草坪地被植物　草坪地被植物是由多年生草本植物构成，是园林景物的基调底色。对不同色彩的各类植物、山石、建筑物、道路、广场等起着衬托作用，能使不同组合的园林空间统一协调，使其更具有优美的艺术效果。

（2）路缘地被植物　根据园林路的宽窄与周围环境色彩变换，应选植一些花色鲜艳又常绿，并与立地环境相适应的地被植物，成片种植或小丛栽植而组成花径，从而使空旷、单调的园林路因地被植物不同的叶形、花色、花期等，搭配成高低错落、色彩丰富的花境，让游人随路径的延伸，欣赏到因时序递换而变化的各种园林景色。

（3）林下和林缘的地被植物　林下和林缘地被植物就是在疏林下配置耐阴的观花、观叶及耐阴的藤本植物。由于林缘配植高度不同的观赏性强的地被植物，能保护水土，增加林相层次，使景观深邃，更接近自然。

（4）地被植物　广场地被植物一般以绿茵覆盖的草为底色，以耐修剪的灌木组成各种几何图案，用本地区的特色花卉点缀其间不仅能降低市区粉尘，减少噪声，为人们创造良好的工作和生活环境，而且更以其色彩明快、简洁大方、欣欣向荣的景象，起着装点城市的作用。地被植物有多种种植类型，缓坡、坡脚、堤岸、树下、台阶、石缝间都可栽植。

4. 园林地被植物的选择

园林地被植物品种繁多。

1）路缘地被植物有红花酢浆草、葱兰、鸢尾、沿阶草、金针菜、大花萱草等。

2）林下及林缘有美女樱、芍药、金鸡菊、大金鸡菊、麦冬、吉祥草、金丝桃、金丝梅、石蒜、杜鹃、白花三叶草、马蹄金、蛇莓、兰花、铺地枇杷等。

3）广场植物有草本植物、黄杨、金叶金贞、玫瑰、月月红、匍地柏、美女樱、紫叶小檗、海桐、美人蕉、金鱼草、红檵木、万寿菊、石竹、一串红、萱草、鸢尾等。

4）缓坡、坡脚、堤岸地被植物有结缕草、绊根草、假俭草、羊胡子草等草本植物；马蹄金、络石、薜荔、迎春、常春藤、云南黄馨、沿阶草、菊花、铺地柏、鸢尾、美女樱、箬竹等藤本及观花观叶植物。

第四节　水生植物栽植

一、水生植物的作用

1. 实际案例展示

2. 水生植物的作用

1）在园林水池中常布置水生植物来美化水体、净化水质，减少水分的蒸发。如水葱、水葫芦、田蓟、永生薄荷、芦苇、泽泻等，可以吸收水中有机化合物，降低生化需氧量。

2）有些植物还能吸收酚、吡啶、苯胺，杀死大肠杆菌等，消除污染，净化水源，提高水质。

3）很多永生植物如槐叶萍、水浮莲、满江红、荷花、慈姑、菱、泽泻等，可供人们食用或牲畜饲料，因此在园林水体中大面积的布置永生植物还可取得一定的经济效益。

4）由于水生植物生长迅速，适应性强，所以栽培管理方面节省人力、物力。

要做好水生植物的造景，就应根据水生植物在水中生长生态特性和景观的需要进行选择，荷花、睡莲、玉蝉花等浮叶水生植物的根茎都着生在水池的泥土中，而叶浮在水面上。

3. 水生植物的分类

根据水生植物在水中的生长状态及生态习性，分为四个类型。

（1）浮水植物　植物叶片漂浮在水面生长，称为浮水植物。浮水植物又按植物根系着泥生长和不着泥生长，分为两个类型：一种称为根系着泥浮水植物，如睡莲、王莲等；另一种称为漂浮植物，如凤眼莲、大漂、青萍等。根系着泥浮水植物用于绿化较多，价值较高。而根系不着泥生长的漂浮植物，因无根系固着生长，植株漂浮不定，又不易限制在某一区域，在水体富营养化的条件下容易造成极性生长，覆盖全池塘，形成不良景观，一般不用于池塘绿化，应被视作水生杂草，一旦发现要及时清除掉。

（2）挺水植物　植物的叶片长出水面，如荷花、香蒲、芦苇、千屈菜、鸢尾、伞草、慈姑等。这类植物具有较高的绿化用途。

（3）沉水植物　全部植物生长在水中，在水中生长发育，如金鱼藻、眼子菜等。

（4）湿生植物　这类植物的根系和部分树干淹没在水中生长。有的树种，在整个生活周期，它的根系和树干基部浸泡在水中并生长良好，如池杉。池杉的适应性较强，不仅在水中生长良好，而且在陆地也生长极佳。有的树种，在水陆交替的生态条件下能良好生长，如水杉、柳树、杨树等。

4. 水生植物种植设计

1）池塘的水面全部覆盖满水生植物并不美观，一般水生植物占全部水面的20%～40%为宜，多留些水面，水生植物作点缀，显得宽敞。

2）水生植物生长极快，对每种植物应用水泥或塑料板等材料做成各种形状的围池或种植池（或者用缸），限制水生植物在区域内生长蔓延，避免向全池塘发展，并防止水生植物种类间互相混杂生长。

3）相对陆生植物而言，水生植物种类较少。在设计时，对挺水植物、浮水植物、沉水植物和湿生植物都要兼顾，形成高低错落有致、荷叶滚珠、碧波荡漾、莲花飘香、池杉傲立、杨柳摇曳、鱼儿畅游的水面景象。

4）要了解水生植物的生态习性。大部分水生植物喜阳光（除沉水植物外），如睡莲每天需6～8h的直射光线，才能开花；荷花需8h以上的直射光线才能生长良好等。要避免这类植物种植在大树下或遮阳处。

5）要了解清楚池塘水位及各个位置的水深情况。水生植物的适宜水深不能超过1.5m，大部分在0.5～1.0m的深度范围内生长良好。在浅水和池塘的边缘处，可适当地布置池杉、千屈菜、鸢尾、慈姑、伞草、珍珠菜等，在池塘溪旁可布置百合等。

6）在池塘中和周边适宜处点缀亭、台、楼、榭等，能起到画龙点睛的作用，这在池塘的绿化设计中是非常重要的。

二、水生植物的栽植要领及种植施工

（1）水面绿化面积的确定　为了保证水面植物景观疏密相间，不影响水体岸边其他景物倒景的观赏，不宜做满池绿化和环水体一周，保证1/3或1/2的绿化面即可。

（2）水中种植台、池、缸的设置　为了保证以上景观的实现，必须在水体中设置种植台、池、缸。

1）种植池高度要低于水面，其深度要根据植物种类不同而定。如荷花叶柄生长较高，其种植池离水面高度可设计60～120cm深，睡莲的叶柄较短，种植池可离水面30～60cm，玉蝉花叶柄更短，其种植池可离水面5～15cm。

2）用种植缸、盆可机动灵活地在水中移动，创造一定的水面植物图案。

（3）造型浮圈的制作　满江红、浮萍、槐叶萍、凤眼莲等植物，具有繁殖快、全株漂浮在水面上的特点，所以这类水生植物造景不受水的深度影响。可根据景观需要在水面上制作各种造型的浮圈，将其圈入其中，创造水面景观，点缀水面，改变水体形状大小，可使水体曲折有序。

（4）沉水植物的配置　水草等沉水植物，其根着生于水池的泥土中，其茎、叶全可浸在水中生长。这类植物置于清澈见底的小水池中，点缀几缸或几盆，再养几只观赏红鱼，更加生动活泼，别有情趣。这种水生植物动物齐全的水景，令人心旷神怡。

（5）水边植被景观的营造　利用芦苇、荸荠、慈姑、鸢尾、水葱等沼生草本植物，可以创造水边低矮的植被景观。总之，在水中利用浮叶水生植物疏密相间，断续，进退，有节奏地创造富有季相变化的连续构图。在水面上可利用漂浮水生植物，集中成片，创造水上绿岛。也可用落羽松、水松、柳树、水杉、水曲柳、桑树、栀子花、柽柳等耐水湿的树木在水体或岸边创造闭锁空间，以丰富水面的层次感，深远感，为游人划船等水上活动增加游点，创造遮阳条件。

水生植物种植施工

（1）核对设计图样　在种植水生植物前，要设计好各种植物所种植的位置、面积、高度，并设计好施工方法。

（2）施工主要环节　为便于施工，在施工前最好能把池塘水抽干。池塘水抽干后，用石灰或绳划好要做围池（或种植池）的范围，在砌围池墙的位置挖一条下脚沟，下脚沟最好能挖到老底子处。先用砖砌好围池墙，再在围池墙两面砌贴2～3cm厚的水泥砂浆，阻止水生植物的根穿透围池墙。围池墙也可以使用各种塑料板，塑料板要进到泥的老底子处，塑料板之间要有0.3cm的重叠，防止水生植物根越过围池。围池墙做好后，再按水位标高添土或挖土。用土最好是湖泥土、稻田土、黏性土，适量施放肥料，整平后即可种植水生植物。种植水生植物，可以在未放水前，也可以在放水后进行。

（3）施工季节　施工季节要选在多晴少雨的季节进行。大部分水生植物在11月至翌年5月挖起移栽。水生植物在生长季节也可移栽，但要摘除一定量的叶片，不要失水时间过长。生长期中的水生植物如需长途运输，则宜存放在装有水的容器中。

（4）繁殖方法　睡莲、荷花、鸢尾、千屈菜等都以根茎繁殖和分栽，大根茎可以分切成几块，每块根茎上必须留有1~2个饱满的芽和节。

（5）栽植要求　种植水生植物一般0.5~1.0m^2种植1蔸。栽植深度以不漂起为原则，压泥5~10cm厚。在种植时一定要用泥土压紧压好，以免风浪冲洗而把栽植的根茎漂出水面。根茎芽和节必须埋入泥内，防止抽芽后不入泥而在水中生长。

三、水景树栽植

1. 实际案例展示

2. 施工要点

用来陪衬水景的风景树，由于是栽在水边，就应当选择耐湿地的树种。如果所选树种并不能耐湿，但又一定要用它，就要在栽植中做一些处理。

1）对这类树种，其种植穴的底部高度一定要在水位线之上。

2）种植穴要比一般情况下挖得深一些，穴底可垫一层厚度5cm以上的透水材料，如炭渣、粗砂粒等；透水层之上再填一层壤土，厚度可在8~20cm；其上再按一般栽植方法栽种树木。

3）树木可以栽得高一些，使其根茎部位高出地面。高出地面的部位进行壅土，把根茎旁的土壤堆起来，使种植点整个都抬高。水景树的这种栽植方法对根系较浅的树种效果较好，但对深根性树种来说，就只在两三年内有些效果，时间一长，效果就不明显了。

第五节　绿带施工技术

一、林带施工

1. 实际案例展示

2. 整地

通过整地，可以把荒地、废弃地等非宜林地改变成为宜林地。

（1）整地时间　一般应在营造林带之前3～6个月，以“夏翻土，秋耙地，春造林”的效果较好。现翻、现耙、现造林对林木栽植成活效果不很好。

（2）整地方式　整地方式有人工和机械两种。

1）人工整地是用锄头挨着挖土翻地，翻土深度在20～35cm；翻土后经过较长时间的曝晒，再用锄头将土坷垃打碎，把土整细。

2）机械翻土则是由拖拉机牵引三铧犁或五铧犁翻地。耙地是用拖拉机牵引铁耙进行。对沙质土壤用双列圆盘耙；对黏重土质的林地则用缺口重耙。在比较窄的林带地面，用直线运行法耙地；在比较宽的地方，则可用对角线运行法耙地。耙地后，要清除杂物和土面的草根，以备造林。

3. 放线定点

（1）栽植行、种植点的确定

1）首先根据规划设计图所示林带位置，将林带最内边一行树木的中心线在地面放出，并在这条线上按设计株距确定各种植点，用白灰做点标记。

2）然后依据这条线，按设计的行距向外侧分别放出各行树木的中心线。

3）最后再分别确定各行树木的种植点。

（2）排列方式　林带内，种植点的排列方式有矩形和三角形两种，排列方式的选用应与主导风向相适应。

（3）确定株行距　林带树木的株行距一般小于园林风景林的株行距，根据树冠的宽窄和对林带透风率的要求，可采用1.5m×2m、2m×2m、2m×2.5m、2.5m×2.5m、2.5×3m、3m×3m、3m×4m、4m×4m、4m×5m等株行距。

（4）林带的透风率　林带的透风率就是风通过林带时能够透过多少风量的比率，可用百分比来表示。

1）一般起防风作用的林带，透风率应为25%～30%。

2）防沙林带，透风率20%。

3）园林边沿林带，透风率可为30%～40%。

透风率的大小，可采取改变株行距、改变种植点排列方式和适用不同枝叶密实度的树种等方法来调整。

4. 栽植技术

（1）苗木规格　园林绿地上的林带一般要用3～5年生以上的大苗造林，只有在人迹较少，且又容许造林周期拖长的地方，造林才可用1～2年生小苗或营养杯幼苗。

（2）栽植工序　栽植时，按白灰点标记的种植点挖穴、栽苗、填土、插实、做围堰、灌水。

（3）保护措施　施工完成后，最好在林带的一侧设立临时性的护栏，阻止行人横穿林带，保护新栽的树苗。

二、道路绿带施工

1. 实际案例展示

2. 人行道绿带施工

人行道绿带的主要部分是行道树绿化带，另外还可能有绿篱、草花、草坪种植带等。

（1）种植方式　行道树可采用种植带式或树池式两种栽种方式。

1）种植带的宽度不小于1.2m，长度不限。

2）树池形状一般为方形或长方形，少有圆形。树池的最短边长度不得小于1.2m；其平面尺寸多为1.2m×1.5m、1.5m×1.5m、1.5m×2.0m、1.8m×2.0m等。

（2）种植要求

1）行道树种植点与车行道边缘道牙石之间的距离不得小于0.5m。

2）行道树的主干高度不小于3m。

3）栽植行道树时，要注意解决好与地上地下管线的冲突，保证树木与各种管线之间有足够的安全间距。

（3）保护设施　为了保护绿带不受破坏，在人行道边沿应当设立金属的或钢筋混凝土的隔离性护栏，阻止行人踏进种植带。

3. 分车绿带施工

（1）设立安全标志　由于分车绿带位于车行道之间，绿化施工时特别要注意安全，在施工路段的两端要设立醒目的施工标志。

（2）种植要求

1）植物种植应当按照道路绿化设计图进行，植物的种类、株距、搭配方式等，都要严格按设计施工。

2）分车绿带一般宽1.5～5m，但最窄也有0.7m宽的。1.5m宽度以下的分车带，只能铺种草皮或栽成绿篱；1.5m以上宽度的，可酌情栽种灌木或乔木。

3）分车带上种草皮时，草种必须是阳性耐干旱的，草皮土层厚度在25cm以上即可，土面要整细以后才播种草籽。

4）分车带上种绿篱的，可按关于绿篱施工内容中的方法栽植。

5）分车带上配植绿篱加乔木、灌木的，则要完全按照设计图进行栽种。

6）分车带上栽植乔灌木，与一般树木的栽植方法一样，可参照进行。

三、绿篱施工技术、养护管理

1. 实际案例展示

2. 绿篱施工技术

绿篱既可用在街道上，也可用在园林绿地的其他许多环境中。

（1）苗木要求 绿篱的苗木材料要选大小和高矮规格都统一的，生长势健旺的，枝叶比较浓密而又耐修剪的植株。

（2）种植沟的放线、挖掘

1）施工开始的时候，先要按照设计图规定的位置在地面放出种植沟的挖掘线。若绿篱是位于路边或广场边，则先放出靠近路面边线的一条挖掘线，这条挖掘线应与路边线相距20～35cm；然后，再依据绿篱的设计宽度，放出另一条挖掘线。两条挖掘线均要用白灰在地面画出来。

2）放线后，挖出绿篱的种植沟，沟深一般为20～40cm，视苗木的大小而定。

（3）绿篱排列方式、株行距

1）栽植绿篱时，栽植位点有矩形和三角形两种排列方式，一般的绿篱多采取双行三角形栽种方式，但最窄的绿篱则要采取单行栽种方式，最宽的绿篱也有栽成5～6行的。

2）株行距视苗木树冠宽窄而定；一般株距在20～40cm，最小可为15cm，最大可达60cm（如珊瑚树绿篱）。行距可和株距相等，也可略小于株距。

（4）绿篱栽植、扶正、浇水

1）苗木一棵棵栽好后，要在根部均匀地覆盖细工，并用锄把插实。

2）之后，还应全面检查一遍，发现有歪斜的要扶正。

3）绿篱的种植沟两侧，要用余下的土做成直线形围堰，以便于拦水。

4）土堰做好后，浇灌定根水，要一次浇透。

（5）定型修剪　定型修剪是规整式绿篱栽好后马上要进行的一道工序。

1）修剪前，要在绿篱一侧按一定间距立起标志修剪高度的一排竹竿，竹竿与竹竿之间还可以连上长线，作为绿篱修剪的高度线。

2）绿篱顶面具有一定造型变化的，要根据形状特点，设置两种以上的高度线。

3）在修剪方式上，可采用人工和机械两种方式。人工修剪使用的是绿篱剪，由工人按照设计的绿篱形状进行修剪。机械修剪是使用绿篱修剪机进行修剪，效率当然更高些。

（6）绿篱纵横断面形状

1）绿篱修剪的纵断面形状有直线形、波浪形、浅齿形、城垛形、组合型等。

2）绿篱修剪的横断面形状有长方形、梯形、半球形、截角形、斜面形、双层形、多层形等。在横断面修剪中，不得修剪成上宽下窄的形状，如倒梯形、倒三角形、伞形等，都是不正确的横断面形状。如果横断面修剪成上宽下窄形状，将会影响绿篱下部枝叶的采光和萌发新枝新叶，使以后绿篱的下部呈现枯秃无叶状。

（7）自然式绿篱要求　自然式绿篱不进行定型修剪，只将枯枝、病虫枝、杂乱枝剪掉即可。

3. 绿篱养护管理

（1）工具配置　锄头、草剪、手剪、绿篱机、洞撬等。

（2）工作内容

1）松土除杂草。对未郁闭的绿篱每月松土除杂草2次，已郁闭绿篱每月清除寄生藤2～3次，养护面松土除杂草1次；为防止草坪长入，5～6月和8～9月各修边1次，修边宽度30cm，修边一定要整齐，有美感。

2）修剪整形。保持70～80cm高，上面平整，边角整齐，线条流畅，新梢10cm以上即需修剪；一般生长季节4～10月每月修剪整形3次，非生长季节每月修剪整形2次；对美杜鹃等开花植物10月份修剪，只进行轻度修剪，以保证开花。

3）施肥。每月追复合肥1次，结合雨天进行，每年根据其长势和覆盖率情况适当施基肥1～2次，基肥0.5～1kg/m²，复合肥0.1～0.15kg/m²，施肥方法以撒施为主。

4）补植。对因市政工程、交通事故等原因造成的缺株出现绿篱断层，需及时补植，尽量用盆苗以尽快封行。

5）淋水。施肥和补植需加强淋水，补植后一个星期内每天淋水1次，一般冬季干旱季节安排2～3天淋水1次。

第六节　垂直绿化施工技术

一、垂直绿化常用种类及种植形式

1. 实际案例展示

2. 垂直绿化常用的攀缘植物

可用于垂直绿化的攀缘植物种类很多，现就较为常用的种类介绍如下。

（1）爬墙虎　这种植物靠吸盘紧贴墙面攀缘生长，适应性强，生长快，是墙面、电杆、围墙等绿化的极佳植物材料。

（2）薜荔　薜荔能紧贴墙面向上生长，叶片较小、翠绿、常青，但生长量和攀缘生长高度不如爬墙虎。

（3）紫藤　紫藤有吸盘和不定根，可沿墙攀缘生长，春季有串串的紫色花朵开放，形成极美丽的景色。而且适应性强，是藤廊、拱门、棚架等极好的绿化材料。

（4）藤本月季　藤本月季可靠墙或支架引导向上生长，春夏秋有大量的各色花朵开放，极为美丽。适应性较强，但要经常修剪和施肥，才能保持开花不断，是藤廊、栅栏、花架、篱笆、拱门等极为优良的绿化材料。

（5）常春藤　常春藤有吸盘和气生根，可附墙生长，四季常青，是围墙、墙壁、电杆、立交桥立面等较好的绿化材料。

（6）常春油麻藤　常春油麻藤有吸盘和附生根，可附墙向上生长，四季常青，适应性极强，生长量大。老年藤蔓有一串串花朵开放，是藤廊遮阳较好的绿化材料。

（7）猕猴桃　猕猴桃可通过支架引导向上生长，春季开花，夏秋季节果实累累，极为美观，有极高的观赏效果和经济价值。但每年需修剪，才能保持开花结果，是藤廊、拱门极好的绿化材料。

（8）葡萄　葡萄可通过支架引导向上生长，夏秋一串串葡萄果实象征着辛勤劳动的结晶。每年需修剪，是藤廊、花架、凉亭、遮阳长廊常用的绿化材料。

除上述各种攀缘植物外，还有木香、凌霄、茑萝、香豌豆、金银花、牵牛花、葫芦科植物等。

3. 垂直绿化的种植形式

垂直绿化有多种种植形式，主要有下列几种。

（1）绿色藤廊　藤廊是我国古老的园艺艺术之一，具有悠久的历史。用钢筋水泥做成各种具有特色的长廊，其顶部用各种支撑物横向支撑，两边种植各种攀缘藤本植物。如果藤廊较长，可以考虑观果、观花、观叶等多种藤本植物搭配，一种植物种一段藤廊，形成藤廊四季有观赏的花、果、叶等。在设计藤廊骨架时，可以设计成仿竹、仿树桩、仿动物等多种形式，做到变化万千。

（2）绿色篱笆　篱笆在国内外极为常见，沿篱笆两边种植各具特色的攀缘植物，可形成一道绿色的隔离带，具有特殊的风格。

（3）绿色凉棚　在建筑物能支撑的部位种植攀缘植物，如在两房之间、门前房后都可以支撑支架，再栽种藤本植物，形成绿色凉棚，不仅可达到绿化的效果，而且还为居民提供了乘凉休息的场地。例如天津市红桥区的旧城胡同里，大力提倡建设绿色凉棚，收到了显著的社会效益和生态效益。

（4）绿色墙面　在建筑物的墙脚种植攀缘植物，植物可沿墙面向上生长，覆盖全部墙面，使建筑物成为“绿色墙面”或“绿色小屋”，既增加了绿化面积，又改善了夏季墙面温度过高的问题。

（5）绿色拱门　在门前用各种材料做成各种形状的拱门，种植有特色的藤本植物攀缘在拱门架上，可形成非常有特色的“绿色拱门”。

（6）绿色电杆　城镇街道有无数的各种电杆，需要进行绿化，种植攀缘植物在电杆脚下，用支架支撑或让其自然向上攀登生长，可使其成为“绿色电杆”。

（7）绿色围墙立面　围墙用砖砌成，立交桥是钢筋混凝土做成，用攀缘植物绿化，使单调的墙面和立面变成绿色，是城镇绿色和克服单调乏味的需要。

二、棚架植物栽植及施工

1. 实际案例展示

2. 棚架植物的栽植

在植物材料选择、具体栽种等方面，棚架植物的栽植应当按下述方法处理。

（1）植物材料处理　用于棚架栽种的植物材料，若是藤本植物，如紫藤、常绿油麻藤等，最好选一根独藤长5m以上的；如果是如木香、蔷薇之类的攀缘类灌木，因其多为丛生状，要下决心剪掉多数的丛生枝条，只留1～2根最长的茎干，以集中养分供应，使今后能够较快地生长，较快地使枝叶盖满棚架。

（2）种植槽、穴准备　在花架边栽植藤本植物或攀缘灌木，种植穴应当确定在花架柱子的外侧。穴深40～60cm，直径40～80cm，穴底应垫一层基肥并覆盖一层壤土，然后再栽种植物。不挖种植穴，而在花架边沿用砖砌槽填土，作为植物的种植槽，也是花架植物栽植的一种常见方式。种植槽净宽度在35～100cm，深度不限，但槽顶与槽外地坪之间的高度应控制在30～70cm为好。种植槽内所填的土壤，一定要是肥沃的栽培土。

（3）栽植　花架植物的具体栽种方法与一般树木基本相同。但是，在根部栽种施工完成之后，还要用竹竿搭在花架柱子旁，把植物的藤蔓牵引到花架顶上。若花架顶上的檩条比较稀疏，还应在檩条之间均匀地放一些竹竿，增加承托面积，以方便植物枝条生长和铺展开来。特别是对缠绕性的藤本植物如紫藤、金银花、常绿油麻藤等更需如此，不然以后新生的藤条相互缠绕一起，难以展开。

（4）养护管理

1）在藤蔓枝条生长过程中，要随时抹去花架顶面以下主藤茎上的新芽，剪掉其上萌生的新枝，促使藤条长得更长，藤端分枝更多。

2）对花架顶上藤枝分布不均匀的，要作人工牵引，使其排布均匀。

3）以后，每年还要进行一定的修剪，剪掉病虫枝、衰老枝和枯枝。

3. 垂直绿化的施工

著名生物学家达尔文，根据攀缘植物向上攀缘的特性，把它们分成四大类型。垂直绿化的施工方法，主要依照这些植物不同的攀缘方式，确立不同的施工方法。因大部分攀缘植物对土壤等条件的要求不十分严格，其栽植方法和其他树木的栽植方法没有大的区别。但攀缘植物类型不同，其攀缘方式不同，这就要求在施工时对引导向上生长的方法也不同。

（1）缠绕藤本　这类植物靠茎干本身螺旋状缠绕上升，如紫藤、金银花、五味子、猕猴桃、三叶木通等。此类攀缘植物在种植前要挖较大的栽植坑，埋入足量的腐殖质土，特别是栽植猕猴桃、紫藤时要注意这个问题。同时，需搭好支架和引导架，藤蔓才能沿着支架向上攀缘生长。

（2）攀缘藤本　这类植物借助于感应器官，如变态的叶、柄、卷须、枝条等攀着它物生长，如葡萄、常春油麻藤等。此类攀缘植物必须搭好攀缘架或引导架，才能向上生长。攀缘架依攀缘对象不同可以有不同的形式：如电杆，可用细钢丝和细钢筋绕电杆扎成圆柱状；如棚架，可以做成简易引导架，在引导植物到达棚架顶部后即可拆除引导架。

（3）钩刺藤本　这类植物靠钩刺附属器官帮助向上攀缘生长，如木香、藤本月季等。此类植物必须搭好攀缘架或引导架和引导绳，在种植后1～2年，要经常人为帮助缠绕向上生长。

（4）攀附藤本　这类植物茎上生长很多细小的不定根或吸盘，紧贴墙面或物体向上攀登生长，如薜荔、爬墙虎、凌霄等。此类植物不需要搭攀缘架或引导架，但在光滑的墙面上适当地搭引导架有助于向上攀登。在装饰有瓷砖的墙面上绿化，应在靠近墙脚处挖一约30cm×30cm的小坑或做成花箱，把植物栽种其中。特别提出的是，种植这类植物不要离墙壁太远，以免人们通过时踩坏。

根据攀缘植物不同种类、生长习性和形态特征，有意识地进行立架搭棚，可以很快地收到显著的绿化效果，再经过人工修剪，艺术造型，更能成为多种多样的绿色美景。用缠绕藤本、钩刺藤本、攀缘藤本植物装饰墙面绿化时，如没有引导物引导是很难向上攀爬生长的，因而可以紧贴墙面用木条或其他物料做成条格子框架，以便于植物顺框架向上生长。

沿着各种支撑物和建筑物种植攀缘植物时，可以根据地形用砖等材料做成各种样式的花箱，把攀缘植物种植其内，也可以用盆、缸来种植攀缘植物。

4. 垂直绿化的养护技术

（1）浇水施肥　垂直绿化和其他绿化植物一样，需要精心管理。除在栽植时施足肥水外，每年要适量施肥，以便植物能迅速向上攀缘生长。藤本月季是喜肥植物，应多次施肥。施肥应以有机肥为主，化肥为辅，化肥也要以复合肥为主。

（2）牵引绑敷　垂直绿化大部分采用攀缘植物，要经常人为帮助绕藤向上攀登，待攀登到棚架和围墙顶部，也要检查绕藤是否固定牢靠。对须搭攀缘架和引导架的攀缘植物，要经常把新长出的藤蔓绑扎在架上。

（3）整形修剪　有些攀缘植物每年要进行修剪，才能开花和结果，如猕猴桃、葡萄、藤本月季等。修剪的方法，原则上剪去过密枝，在健壮的茎蔓上留下3~4个芽，剪去其余部分，剪去多余和细弱的枝条。如藤蔓覆盖满全部藤架，可适当地疏剪掉部分枝条，有利于攀缘植物生长、开花、结果。

三、墙垣绿化施工

1. 实际案例展示

2. 墙面绿化

（1）绿化材料选择　常用爬附能力较强的爬墙虎、岩爬藤、凌霄、常春藤等作为绿化材料。

（2）墙面处理　表面粗糙度大的墙面有利于植物爬附，垂直绿化容易成功。墙面太光滑时，植物不能爬附墙面，就只有在墙面上均匀地钉上水泥钉或膨胀螺钉，用钢丝贴着墙面拉成网，供植物攀附。

（3）种植带（槽）　爬墙植物都栽种在墙脚下，墙脚下应留有种植带或建有种植槽。种植带的宽度一般为 50～150cm，土层厚度在 50cm 以上。种植槽宽度 50～80cm，高 40～70cm，槽底每隔 2.5cm 应留出一个排水孔。

（4）栽植技术要求

1）种植土应该选用疏松肥沃的壤土。

2）栽种时，苗木根部应距墙根 15cm 左右，株距采用 50～70cm，而以 50cm 的效果更好些。

3）栽植深度，以苗木的根团全埋入土中为准；苗木栽下后要将根团周围的土壤摁实。

（5）保护设施　为了确保成活，在施工后一段时间中要设置篱笆、围栏等，保护墙脚刚栽上的植物；以后当植物长到能够抗受损害时，才拆除围护设施。

3. 墙头绿化

（1）绿化材料选择　主要用蔷薇、木香、三角花等攀缘灌木和金银花、常绿油麻藤等藤本植物，搭在墙头上绿化实体围墙或空花隔墙。

（2）决定株距　要根据不同树种藤、枝的伸展长度，来决定栽种的株距，一般的株距可在 1.5～3.0m。

（3）栽植技术要求　墙头绿化植物的种植穴挖掘、苗木栽种等，与一般树木栽植基本相同。

四、窗台与阳台绿化

1. 实际案例展示

2. 绿化形式

（1）窗台　可在窗台安装花箱或花槽种植花卉。也可以在窗台中间部分种植花卉，两边种植藤本植物向墙面生长。也可在窗台安装花箱和花槽，在窗台上方安装藤架，窗台中部位置种植花卉，两边种植攀缘植物（如紫藤、凌霄等），当攀缘植物爬满全部藤架后，既可阻挡部分太阳，又可观赏。还可在窗下方安装空中花架，摆放盆花；或者窗台两边安装花槽或安放较大的缸，窗台的上方安装藤架。花架上摆放各种盆花，两边的花槽和缸内种植攀缘植物，顺藤架向上生长。

（2）阳台　阳台比窗台的空间大，比较容易绿化和美化。阳台的形式多种多样，绿化结构也不尽相同。如果阳台有足够的空间，可以把花箱、花盆置放在阳台内的地上。也可做成梯形花架摆放在阳台上，把花箱、花盆摆放在花架上。可在阳台的外侧安装花箱和花槽，在阳台下方和阳台顶做成一个垂直花架，或者利用阳台顶固定，搭成一个向外伸的花架，种植攀缘植物和各种花卉。也可在阳台的外侧安装花架，摆放各种盆花。在两侧安装花槽种植攀缘植物，藤架可以安装在阳台的两侧，也可以安装到阳台的中间，或者两侧和中间都有，再用引绳把攀缘植物牵引到藤架上。为节省阳台空间，花架、花箱、花槽都可以安装在阳台的外侧，阳台的栏杆内外、上下互相配合，花架、花箱、花槽、藤架等互为补充，可形成一个饱满的立体绿化阳台，效果会更好。

3. 花箱和支架的制作及安装

花箱和支架的制作及安装，可根据个人的喜好，使其适合自己的需要，取材也可以修旧利废。

在建筑房屋前，如果建筑设计师考虑到窗台和阳台的绿化美化，可把各种绿化装置安排在窗台和阳台上，则既安全又科学。如果没有在建筑房屋前安置绿化装置，那么在安装花箱、花架等绿化装置时，首先要考虑的是安全。必须用较长的膨胀螺栓，三角支撑架牢牢地把花箱、花架等绿化装置固定在墙上，其荷载量最好能达到150kg/m^2。

（1）花箱的制作　制作花箱的材料，可以用木板、铅皮板、薄钢板、不锈钢板等。用木板时，要涂防腐漆，使其经久耐用。

花箱的长度，视窗台和阳台的大小和个人的喜好而定。为了使植物能很好地生长发育，减少浇水次数，花箱最好宽度在20cm，高度在25cm左右。在花箱的两端离底部约5cm处开一小孔，供排水用。在离底部约5cm处用隔板隔开，隔板上面装种植土，隔板下面作储水用，以减少日后浇水次数。

在花箱靠墙的边上，固定2个以上的扁条，材料可以是板条、铁条或铝条。这些扁条有2个以上的孔，扁条的长度以不影响开窗和在阳台上晾晒衣服为宜。扁条固定在花箱上，通过扁条孔牢牢地把扁条和花箱固定在墙上。

（2）花箱的安装　在窗台和阳台上安装花箱，安全操作和管理极为重要。安装花箱时必须符合下列要求：

1）安装必须牢固，大风时应纹丝不动。

2）用于安装的全部固定件插入墙体的固定深度必须有150kg/m^2左右的荷载量，以确保安全。

3）花箱安放位置，以摆放植物或种植植物后不妨碍门窗的开关为好。

4）要求安装简便，容易做到。

为了安装简单和方便，可以和扁条一起做成支撑架。即把固定花箱的扁条加长1个三角支撑架的长度，再打弯向上和花箱外沿接上，这样就做成1个三角支撑架。按扁条上孔的位置，在墙体上凿两个钉眼，花箱上固定几个扁条就凿几个钉眼，用膨胀螺栓把扁条牢固地固定在墙体上，花箱也就固定在墙体上了。固定螺栓长度不能小于8cm，直径不能小于1.5m。

如果是花格阳台，可把扁条向阳台墙内弯折，使花箱挂在阳台墙上，再在弯折处进行固定。如果阳台较宽，可以将花箱直接安放在阳台地板上。

在窗台和阳台外也可安装花架，摆放盆花。如果种植攀缘植物，必须制作安装藤架。藤架必须固定牢固，以确保安全。

4. 适宜窗台、阳台绿化美化的植物

适宜窗台、阳台绿化美化的植物，除高大乔木和大型植物外，大部分灌木花草中的园林植物都能用于窗台、阳台绿化。现将主要种类开列如下。

（1）草本花卉　可种植翠菊、金鱼草、福禄考、三色堇、紫茉莉、波斯菊、虞美人、含羞草、月见草、鸡冠花、凤仙花、花叶芋、鸢尾、番红花、荷包牡丹、满天星、菊花、石竹、秋水仙、草莓、一串红、彩叶草、花叶万年青、令箭荷花、非洲菊、唐菖蒲、风信子、郁金香、非洲紫罗兰、虎尾兰、文竹、万年青、牡丹、吊兰、百合、虎耳草、鹤望兰、兰花、瓜叶菊、君子兰、安祖花等，以及仙人掌类、蕨类植物。

（2）木本植物　可种植蜡梅、梅花、月季、罗汉竹、栀子花、扶桑、杜鹃、橡皮树、茶花、含笑、白兰、南天竹、五色梅、珍珠梅、八仙花、绣球花、石榴、金橘、橘、无花果、龟背竹、春芋、绿巨人、绿宝石、红宝石、茉莉花、马蹄莲、贴梗海棠、五针松、红檵木。

（3）攀缘植物　可种植盆栽葡萄、木香、金银花、爬山虎、藤本月季、茑萝、牵牛花。

5. 窗台、阳台绿化的特殊养护

（1）土壤　因受窗台、阳台空间和种植箱的限制，培养土的数量难以满足植物生长发育的需要。因而，应从质量上进行改进，达到质轻而营养丰富，又能保肥保水。例如，可用腐殖质、草炭、堆肥和土壤混合成栽培土壤，或用腐殖质、草炭、堆肥和珍珠岩、砂石等混合成轻质栽培土。这样配成的栽培土较疏松，养分丰富，保水保肥。

（2）施肥　为了满足植物生长发育的需要，要适时进行施肥，一般可施用复合肥、长效肥、磷酸二氢钾、尿素，或者把这些肥料和腐殖质、草炭、堆肥、肥土混合施用，也可以把各种化肥和水一起施入土壤中。

有个别人把淘米水、洗肉水等直接倒入土壤内，要注意以下几点：

1）没有完全腐熟的有机物质，每次倒入土壤内的量不要过多。

2）每倒入一次后要隔一段时间。

3）只限于温度较高的季节，温度较低或在冬天则不能倒。因温度低，细菌活动不活跃，有机物质分解慢，对植物生长极为不利。最好的办法是在阳台上隐蔽的位置放一个容器，把这些有机物质的水存放起来，让其自然腐熟，然后再施入土壤内，这样做既安全，肥

效又快。

（3）浇水　因窗台、阳台绿化栽培的土壤少，在高温季节几乎每天都要浇水，有时一天需浇两次水。浇水一般在上午10时前，下午4时后进行，在高温天气中午前后最好不要浇水。在浇水过程中，有些植物如君子兰、三色堇、花叶芋等，不要往叶片上淋水，以免淋水时把土壤溅在叶片上，或者把脏水弄在叶片上而造成腐烂。最好用长嘴喷壶浇洒。

（4）病虫害防治　防治病害最好用无毒无害的波尔多液杀灭，或者人工摘除病叶。防治虫害，可用家用杀虫剂如除蚊剂等杀灭，或人工捕杀。

还要注意的是：阳台由于面积比较小，常常还要担负其他功能，所以其绿化一般只能采取比较灵活的盆栽绿化方式。盆栽主要布置在阳台栏板的顶上，一定要有围护措施，不得让盆栽往下落。

第七节　屋顶花园施工

一、屋顶花园的构造做法和要求

1. 实际案例展示

2. 植物种植要求

（1）种植区的构造　植物在屋顶花园中占有很大比例，是屋顶花园的主体。由于楼顶本身承重的制约，使植物生长赖以生存的土壤厚度受到限制。屋顶花园的种植区在客观条件上要求不同于地面。

1）植物对土层厚度的最低限度。在屋顶花园上的土层厚度与植物生长的要求是相矛盾的，只能根据不同植物生存所必需的土层厚度，在屋顶花园上尽可能满足植物生长基本需要，一般植物生存的最小土层厚度是：草本（主要草坪、草花等）为15cm；小灌木为25～35cm；大灌木为40～45cm；小乔木为55～66cm；大乔木（浅根系）为90～100cm；深根系大乔木为125～150cm。

2）种植土的配制。一般屋顶花园的种植土均为人工合成的轻质土，这样不但可以大大减轻楼顶的荷重，还可以根据各类植物生长的需要配制养分充足、酸碱性适中的种植土。

① 人工配制种植土的主要成分有蛭石、泥炭、沙土、腐殖土和有机肥、珍珠岩、煤渣、发酵木屑等材料，密度一般为700～1500kg/m^3。

② 以上密度为土壤的干密度，如果土壤充分吸收水分后，其密度可增大20%～50%，因此，在配置过程中应按照湿密度来考虑，尽可能降低密度。

③ 另外，在土壤配置好以后，还必须适当添加一些有机肥，其比例可根据不同植物的生长发育需要而定，本着“草本少施，木本多施，观叶少施，观花多施”的原则。

3）种植区的构造。种植区是屋顶花园绿化工程中重要的组成部分，主要包括以下四个部分。

① 植被。包括草本、小灌木、大灌木、乔木等。

② 种植土层。一般为人工合成的轻质土，不同的植物对土层厚度的要求是有差异的，配制比例可根据各地现有材料的情况而定。

③ 过滤层。常见的过滤层使用的材料有稻草、玻璃纤维布、粗沙、细炉渣等。

④ 排水层。此层位于过滤层之下，目的是为了改善种植土的通气状况，保证植物能有发达的根系，满足植物在生长过程中根系呼吸作用所需要的空气。

选用的材料应该具备通气、排水、储水和质轻的特点，同时要求骨料间应有较大孔隙，自重较轻。常见选用的材料有陶料、焦渣、砾石等。

（2）植物种植区的形式　在屋顶花园上种植的植物是以一定形状的种植池形式出现的，

种植池的高度是以池内土层厚度和植物种类为依据。常见的种植区的形式包括以下几种。

1）花池。花池的形状有长方形、正方形、圆形、菱形、正六边形、柱花形等，大小可根据花园的面积和种植植物的大小来定，高度可以按土层厚度来定，一般要求池内土壤高度比池壁低 5cm 左右。同时，对于一些大形的花池应注意安排在楼体的柱、梁的位置。花池所用的建筑材料一般用空心机砖砌成，池的内壁要求用水泥抹平，同时为了提高其观赏性，外壁可用饰面砖镶嵌，在造型上注意其装饰性。

2）自然式种植池。对于大面积的绿地可以采用自然式种植池，利用乔灌木和草本植物对土层厚度需求的不同可以创造出一定的微地形变化效果，如果与道路系统能够很好地结合，还可以创造出“自由”“变化”“曲折”的园林特色。

（3）植物种植技术要求　屋顶花园的植物，在种植时必须以精美为原则，不论在品种上还是在植物的种植方式上都要体现出这一特点。常见的种植方法有以下几种。

1）孤植。要求树体本身不能巨大，以优美的树姿、艳丽的花朵或累累硕果为观赏目标，例如桧柏、龙柏、南洋杉、龙爪槐、叶子花、紫叶李等均可作为孤赏树。

2）绿篱。绿篱是必不可少的镶边植物，北方可以用大叶黄杨、小叶黄杨、桧柏等做绿篱，南方可以用九里香、珊瑚树、黄杨等做绿篱。

3）花境。在施工时应注意其观赏位置，可为单面观赏，也可两面或多面观赏。

4）丛植。通过树木的组合创造出富于变化的植物景观，注意树种的大小、姿态及相互距离。

5）花坛。可以采用独立、组合等形式布置花坛，其面积可以结合花园的具体情况而定。花坛的平面轮廓为几何形，采用规则式种植，植物种类可以用季节性草花布置，要求在花卉失去观赏价值之前及时更新。花坛中央可以布置一些高大整齐的植物，利用五色草等可以布置一些模纹花坛，其观赏效果更是别致。

3. 园林工程与建筑小品

（1）水景工程　水景在我国传统园林中是必不可少的一项内容，而在屋顶花园上这些水景由于受楼体承重的影响和花园面积的限制，在内容上发生了变化。

1）水池。由于受场地和承重的影响，一般多为几何形状，水体的深度在 30～50cm。建造水池的材料一般为钢筋混凝土结构，为提高其观赏价值，在池的外壁可用各种饰面砖装饰，同时，由于水的深度较浅，可以用蓝色的饰面砖镶于池壁内侧和池底部，利用视觉效果来增加其深度。

在我国北方地区，冬季应清除池内的积水，同时可以用一些保温材料覆盖在池中。南方冬季气候温暖，可以终年不断水，有水的保护，池壁不会产生裂缝。另外，在施工中必须做好防上屋漏水，其做法可以在楼顶防水层之上再附加一层防水处理，还要注意水池位置的选择。池中的水必须保持洁净，可以采用循环水。

对于一些自然形状的水池，可以用一些小型毛石置于池壁处，在池中可以用盆栽的方式养殖一些水生植物，例如荷花、睡莲、水葱等，增加其自然山水特色，更具有观赏价值。

2）喷泉。一般可安排在规则的水池之内，管网布置成独立的系统，便于维修，对水的深度要求较低，特别是一些临时性喷泉的做法很适合放在屋顶花园中。在科学发达的今天，时控喷泉、音乐喷泉等为喷泉的建造创造了十分有利的条件。

（2）假山置石　在屋顶花园上的假山一般只能观赏不能游览，所以花园内的置石、假山必须注意其形态上的观赏性及位置上的选择。除了将其布置于楼体承重梁之上以外，还可以利用人工塑石的方法来建造。对于小型的屋顶花园可以用石笋、石峰等置石，效果也是明显的。

（3）园路铺装　园路在铺装时，要求不能破坏屋顶的隔热保温层与防水层。常用的材料有水泥砖、彩色水泥砖、大理石、花岗石等，也可用卵石拼成一定的图案。另外，园路在屋顶花园中常被作为屋顶排水的通道，因此要特别注意其坡度的变化，要防止路面积水。

（4）其他　在屋顶花园中，既可设置园亭、花架，还可以在适宜的地方放置少量的雕塑小品，在尺寸、色彩及背景方面要注意营造空间环境。另外，还应考虑夜晚的使用功能，特别是那些以盈利为主的花园，在园内设置照明设施是十分必要的，园灯在满足照明用途的前提下，还应注意其装饰性和安全性，特别是在线路布置上，要采取防水、防漏电措施。园灯的尺寸以小巧为宜，结合环境可以将其装饰在种植池的池壁上，也可结合一些园林小品来安装照明设施。

4. 植物选择要求及养护管理技术

（1）对树木的要求　屋顶花园的生态环境与地面上相比有很大差别，根据其生境特点来确定树木种类，同时要照顾对植物观赏性方面的要求。在选择树木时应考虑以下因素：

1）生长健壮、易成活、耐修剪、适应性强，并有很强的抗逆性。

2）耐瘠薄、耐干旱，不易倒伏，抗热风力强，适应浅土层。

3）生长速度较慢，易管理，便于养护。

4）能忍受夏季干热风的吹袭，冬季能耐低温。

5）抗污染性强，能吸收有污染的气体或吸附能力强。

（2）屋顶花园常用的植物种类

1）华北地区。油松、白皮松、云杉、桧柏、龙柏、鸡爪槭、大叶黄杨、小叶黄杨、珍珠梅、榆叶梅、碧桃、丁香、金银花、黄栌、月季、柿树、金叶女贞、紫叶小檗、樱花、蜡梅、迎春等。

2）华南地区。油松、冷杉、广玉兰、白玉兰、羊蹄甲、梅花、苏铁、山茶、桂花、茉莉、米兰、金银花、叶子花、杜鹃、大叶黄杨、小叶黄杨、九里香、木绣球等。

3）华中地区。华山松、龙柏、广玉兰、垂丝海棠、红叶李、鸡爪槭、南天竹、枸骨、大叶黄杨、金丝梅、小叶女贞、木芙蓉、迎春、风尾兰、白鹃梅、玫瑰、冬青等。

4）东北地区。油松、桧柏、青扦、白扦、红松木、辽东丁香、连翘、锦带花、榆叶梅、黄刺玫、山桃等。

5）华东地区。广玉兰、马尾松、海棠花、垂丝海棠、红叶李、鸡爪槭、含笑、黄杨、桂花、枸骨、山茶花、金丝梅、女贞、风尾兰、玫瑰、方竹等。

6）西北地区。油松、白皮松、云杉、桧柏、红叶李、山桃、牡丹、小檗、四照花、柿树等。

（3）屋顶花园养护管理　屋顶花园在建成后，能否发挥其功能，关键在于管理，主要包括以下几个方面的内容：

1）注意植物生长情况，对于生长不良的植物应及时采取措施。

2）注意水肥，浇水时以勤浇少浇为主。

3）经常修剪，及时清理枯枝落叶，包括一些病枝等。

4）注意排水，防止排水系统被堵。

5）对于草花应及时更新，以免影响整体效果。

5. 屋顶的绿化方式

屋顶绿化方式实际上是地面绿化方式在屋顶的实施。如果是建筑物设计和建设同步的屋顶绿化，绿化方式可以有较大的选择；如果是在已建屋顶绿化，因改造困难和资金问题，绿化方式有极大的局限性。在进行屋顶绿化设计前，要进行全面的考察和论证，考察的内容包括屋顶的活荷载、载重墙的位置、人流量、周边环境、用途等，然后再确定哪种绿化方式最合适。

（1）棚架式　在屋顶搭设简易棚架，高度在2m左右，在载重墙上以不同方式堆设种植土壤、种植藤本植物，藤本植物可沿棚架生长，最后覆盖全部棚架。可种植葡萄、猕猴桃等经济藤本植物，既可绿化、观赏，又有经济收入。由于棚架式绿化的种植土壤可集中在载重墙处，棚架和植物载荷较小，是一般可上人屋顶所能承受的，适宜于一般上人屋顶的绿化。这种绿化方式，可以达到一根藤把整个屋顶都绿化的效果，而且可把藤引伸到屋顶以外的空间。为减轻屋顶荷载，可以把棚架立柱都安放在载重墙上。同时，这种绿化方式管理方便，投资少，效果佳。但绿化建设慢，需要较长时间才能实现绿化目的。

（2）地毯式　在全部屋顶或屋顶绝大部分，设置一定土壤，然后种植各类地被植物或小灌木，形成一层“绿化地毯”。由于地被植物等种植土壤厚度在10～20cm时即可正常生长发育，因此对屋顶所加载荷较小，一般上人屋顶结构均可承受。这种绿化形式，不但绿化覆盖率高，而且生态效益好，速度快。在大城市高楼林立之中，可给居住与生活在高楼的人们带来绿化美景。特别在高层建筑前低矮裙房屋顶上的绿化效果更佳。在一些风景旅游区，为了不破坏自然景观，可采用图案化的地被植物覆盖屋顶。

（3）苗圃式　屋顶绿化可采用农业生产通用的排行式，结合种植果树、中草药、蔬菜、花卉、苗木等，除产生绿化效果外，经济收益是首要的。因此，必须在最小的空间种植更多的植物，除操作小路外，整个屋顶全面布满规整的种植池。这种种植方式投资少，见效快。

（4）自由式种植　屋顶绿化应继承我国古典园林的手法，采用有变化的自由式种植地被花卉灌木，可以在很小的绿化空间，产生层次丰富、色彩斑斓的植物造景效果。自由式种植一般种植面积较大，植物种类从草本至小乔木，种植土壤厚度在10～100cm（应结合建筑结构计算其荷载）。

（5）自由摆放式　主要用盆栽植物自由地摆放在屋顶上，达到绿化的目的。此种方式灵活多变，可以在中间位置或某一处留出位置摆放盆栽植物，其余部分留作他用。

（6）庭院式　这种绿化方式，实际上是把地面的绿化花园建在屋顶上，除种植较大乔木和各种园艺植物外，还要建亭、台、浅水池、小桥、假山、园路、园林小品等，使屋顶空间变化多，层次丰富，形成有绿、有山、有水的园林环境。这种屋顶绿化方式，大部分用在较大的屋顶面积上，同建筑物的设计与建设一起完成。庭院式屋顶绿化费用高，大部分是建在高级宾馆、旅游楼房等商业性用房上，以此来招揽旅客和游客，成为豪华旅游的组成部分。

（7）家庭式　家庭式屋顶绿化主要是在住宅楼顶建成的屋顶花园，或者对住宅楼的裙楼的绿化，以及在独居家庭用房的屋顶绿化。它的特点是面积较小，主要供家人休息之用。因面积小，可充分进行垂直绿化，四周可适当种植观赏性植物，还可在角落处设置小浅水池，种植水生植物等，形成私家屋顶小花园。

（8）无土栽培式　植物种植在屋顶放置的营养槽中，营养槽内填放基质（如珍珠岩、岩棉或其他轻质吸水材料），供给植物生长需要的营养和水分。或不填放基质，在楼房的顶层安放营养桶和水泵，水泵抽取营养桶中的营养液循环，未被蒸发和利用的营养液再返回到营养槽。这种种植绿化方式，已被瑞士、美国等国家使用，其建设成本、日常运转成本、专业技术水平要求较高，一般结合经济植物栽培来进行，以减少成本。

二、屋顶花园的防水

1. 实际案例展示

2. 屋顶花园的防水

屋顶花园在建设中的一项很大的难题就是在营建中原屋顶的防水系统容易被破坏，从而使屋顶漏水，这样不但会造成很大的经济损失，同时也会影响屋顶花园的推广。

（1）常见防水层的做法　防水层在不同的建筑中有不同的做法，但按其所用材料可分为柔性防水材料和刚性防水材料两种。

1）柔性防水材料柔韧性好，但抗拉强度和耐久性差，因其材料易得，价格便宜而得到广泛应用。

2）刚性防水层面是由防水砂浆或细石混凝土现浇而成，造价低，施工简单，维修方便，但要求施工技术高，缺点是易受热胀冷缩和楼板受力变形影响，易出现裂缝。

（2）屋顶漏水的原因　屋顶漏水主要原因有：

1）原防水层存在缺陷。

2）防水层在建花园时被破坏。

3）排水管被堵造成积水而使屋顶漏水。

（3）防止屋顶漏水的措施

1）选择良好的防水材料。

2）在建花园之前，应检查漏水情况，可以在楼顶将排水口堵塞，使屋面积水，检查是否漏水，一旦有漏水现象应及时补救。

3）在施工中注意保护好防水层，严格按照操作规程施工，不要使防水层受到破坏。

4）对于水池等设施，应采用单独的防水系统。

5）在浇灌过程中，尽可能不产生积水。

6）及时清理枯枝落叶，防止排水口被堵。

第八节　大树移植技术

一、大树移植的准备工作

1. 实际案例展示

2. 大树选择要点

大树移植前必须进行严格的大树选择，选择需移植的大树时，一般要注意以下几点。

(1) 与立地生态条件相适应　选择大树时，应考虑到树木原生长条件应和定植地立地条件一致，移植后的环境条件应尽量地和该树种的生物学特性和环境条件相符。否则移植的效果就不好。如在近水的地方，柳树、乌桕等都能生长良好，而若移植合欢，则可能会很快死去；又如背阴地方移植云杉生长良好，而若移植油松，则树的长势非常衰弱。

（2）符合绿化功能要求　应该选择合乎绿化要求的树种。树种不同，形态各异，因而它们在绿化上的用途也不同。如行道树，应考虑干直、冠大、分枝点高、有良好的庇荫效果的树种，而庭院观赏树中的孤立树就应讲究树姿造型；从地面开始分枝的常绿树种适合作观花灌木的背景。因而应根据要求来选择所要移植的树种。

（3）选择合适壮龄树木　应选择壮龄的树木，因为移植大树需要很多人力、物力。若树龄太大，移植后不久就会衰老，很不经济；而树龄太小，绿化效果又较差，所以既要考虑能马上起到良好的绿化效果，又要考虑移植后有较长时期的保留价值。如下合适的树龄可供选择。

1）一般慢生树选 20 ~ 30 年生。

2）速生树种可选用 10 ~ 20 年生。

3）中生树可选 15 年生。

4）果树、花灌木为 5 ~ 7 年生。

一般乔木树高在 4m 以上，胸径 15 ~ 25cm 的树木则最合适。

（4）选择正常的健康树木　应选择生长正常的树木以及没有感染病虫害和未受机械损伤的树木。

（5）考虑施工条件难易　选树时还必须考虑移植地点的自然条件和施工条件，以及移植者的技术、机械水平。移植地的地形应平坦或坡度不大，过陡的山坡，根系分布不正，不仅操作困难且容易伤根，不易起出完整的土球，因而应选择便于挖掘处的树木，最好使起运工具能到达树旁。

（6）林中选树要求　如在森林内选择移植树木时，必须选疏密度不大的林分中的最近 5 ~ 10 年生长在阳光下的树，过密的林分中的树木移植到城市后不易成活，且树形不美观、装饰效果欠佳。

3. 大树移植时间

大树移植如果方法得当，严格执行技术操作规程，能保证施工质量，则一年四季均可进行。但因树种和地域不同，最佳移植时间也有所差异。应根据工程进度，提前做好移植计划，合理确定移植时间。

（1）春季移植　早春是一年四季中最佳移植时间。因为这时树液开始流动并开始发芽、生长，受到损伤的根系容易愈合和再生，成活率最高。

（2）秋冬季移植　深秋及初冬，从树干落叶到气温不低于 -15℃时间里，树木虽处于休眠状态，但地下根系尚未完全停止活动，有利于损伤根系的愈合，成活率较高。尤其适合北方寒冷地区，易于形成坚固的土坨，便于装卸和运输，节省包装材料，但要注意防寒保护。

（3）夏季移植　最好在南方的梅雨期和北方的雨季进行移植，由于空气的湿度较大，树木的水分散失较少，有利于成活，适用于带土球针叶树的移植。

除此之外，如不按时令进行大树移植，必须采取复杂的技术措施，费用较高，应尽量避免。

4. 移植前的准备工作

（1）大树预掘　为了提高大树移植成活率，可在移植前采取一些措施，促进吸收根的生成，在可起运的条件下，使土球尽量带走吸收根。这样也可以为施工提供方便条件，常用方法有多次移植法、预先断根法和根部环状剥皮法，但常用预先断根法。

1）多次移植法。此法适用于专门培养大树的苗圃中，速生树种的苗木可以在头几年每隔1~2年移植一次，待胸径达6cm以上时，可每隔3~4年再移植一次。而慢生树其胸径达3cm以上时，每隔3~4年移植一次，长到6cm以上时，则隔5~8年移植一次，这样树苗经过多次移植，大部分的须根都聚生在一定的范围，因而移植时，可缩小土球的尺寸和减少对根部的损伤。

2）预先断根法（回根法）。适用于一些野生大树或一些具有较高观赏价值的树木的移植，一般是在移植前1~3年的春季或秋季，以树干为中心，2.5~3倍胸径为半径或以较小于移植时土球尺寸为半径划一个圆或方形，再在相对的两面向外挖30~40cm宽的沟（其深度则视根系分布而定，一般为50~80cm），对较粗的根应用锋利的锯或剪，齐平内壁切断，然后用沃土（最好是沙壤土或壤土）填平，分层踩实，定期浇水，这样便在沟中长出许多须根。到第二年的春季或秋季再以同样的方法挖掘另外相对的两面，到第3年时，在四周沟中均长满了须根，这时便可移走。挖掘时应从沟的外缘开挖，断根的时间可根据各地气候条件有所不同，如图4-6所示。

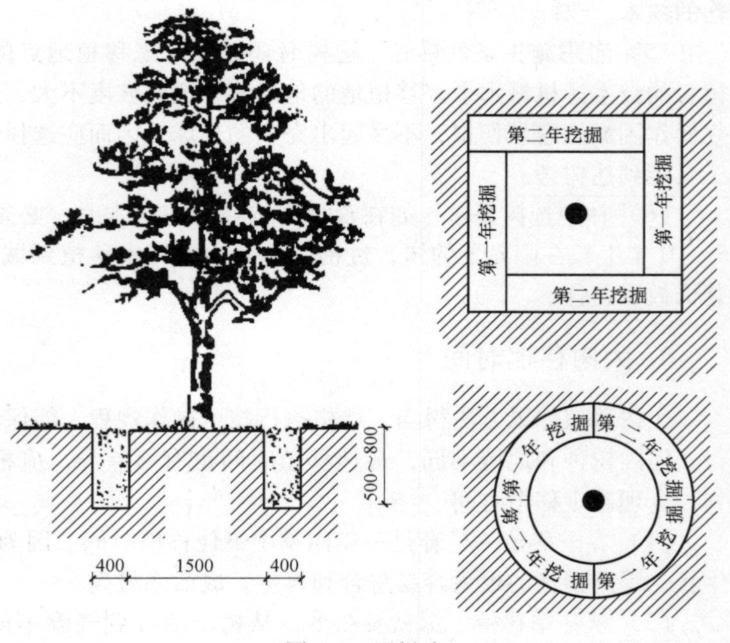

图4-6　回根法

3）根部环状剥皮法。同上法挖沟，但不切断大根，而采取环状剥皮的方法，剥皮的宽度为10~15cm，这样也能促进须根的生长，这种方法由于大根未断，树身稳固，可不加支柱。

（2）大树移植前的修剪　为了保证大树冠形优美，减少养分水分消耗，移植前应进行适度修剪。

1）剪枝。这是大树修剪的主要内容，应剪去病枯枝、徒长枝、交叉枝、过密枝、干扰枝，使冠形匀称。

2）摘叶。对于名贵树种，为了减少蒸腾面积，可摘去部分树叶，移植后即可萌发新叶。

3）摘心。为了促进侧枝生长，控制主枝生长的大树，可根据树木生长习性，对可以摘心的树种可摘去顶芽。

4）摘花摘果。对已开花或结果的大树由于需要减少养分的消耗，移植前应适当地摘去一部分花、果。

5）刻伤和环状剥皮。在移植前，可对需要限制生长的枝干进行刻伤或环状剥皮。刻伤的伤口可以是纵向也可以是横向，环状剥皮是在芽下 2 ~ 3cm 处或在新梢基部剥去 1 ~ 2cm 宽的树皮到木质部。其目的在于控制水分、养分的上升，抑制部分枝条的生理活动。

（3）编号、定向　为了便于栽植施工，保证按计划进行，防止错栽，应将拟移植的大树统一编号注记，现场栽植时一一对号入座。定向是在树干上标注南北方向，以便在栽植时按原方向就位，满足其对蔽荫及阳光的要求，提高成活率。

（4）清理现场及安排运输路线　在起树前，应把树干周围 2 ~ 3cm 以内的碎石、瓦砾堆、灌木丛及其他障碍物清除干净，并将地面大致整平，为顺利移植大树创造条件。然后按树木移植的先后次序，合理安排运输路线，以使每棵树都能顺利运出。

（5）支柱、捆扎　为了防止在挖掘时由于树身不稳、倒伏引起工伤事故及损坏树木，因而在挖掘前应对需移植的大树支柱，一般是用 3 根直径 15cm 以上的大戗，分立在树冠分枝点的下方，然后再用粗绳将 3 根戗木和树干一起捆紧，戗木底脚应牢扎在地面，与地面成 60° 左右，支柱时应使 3 根戗木受力均匀，特别是避风向的一面。戗木的长度不定，底脚应立在挖掘范围以外，以免妨碍挖掘工作。

（6）工具材料的准备　包装方法不同，所需材料也不同，以土坑上口 1.85m 见方、高 80cm 的土块大树为例，所需工具材料见表 4-3。

表 4-3　大树移植工具材料

名称		数量与规格	用途
木板	大号	上板：长 2.0m、宽 0.2m、厚 3cm 底板：长 1.75m、宽 0.3m、厚 5cm 边板：上缘长 1.85m、宽 1.75m、厚 5cm 用 3 块带板（厚 5cm，宽 10 ~ 15cm）钉成高 0.8m 的木板，共 4 块	包装土球用
	小号	上板：长 1.65m、宽 0.2m、厚 5cm 底板：长 1.45m、宽 0.3m、厚 5cm 边板：上缘长 1.5m、宽 1.4m、厚 5cm 用 3 块带板（厚 5cm，宽 10 ~ 15cm）钉成高 0.6m 的木板，共 4 块	
方木		（10cm × 10cm）~（15cm × 15cm），长 1.5 ~ 2.0m，需 8 根	吊运作垫木
木墩		10 个，直径 0.25 ~ 0.30m，高 0.3 ~ 0.35m	支撑箱底
垫板		8 块，厚 3cm，长 0.2 ~ 0.25m，宽 0.15 ~ 0.2m	支撑横木、垫木墩
支撑横木		4 根，10cm × 15cm 方木，1.0m	支撑木箱侧面
木杆		3 根，长度为树高	支撑树木
薄钢板（铁腰子）		约 40 根，厚 0.1cm、宽 3cm、长 50 ~ 80cm；每根钉孔 10 个，孔距 5 ~ 10cm，钉钉用	加固木箱
钢钉		约 500 个，长 20 ~ 34cm	钢钉腰子
蒲包片		约 10 个	包四角，填充上下板

（续）

名称	数量与规格	用途
草袋片	约10个	包树干
扎把绳	约10根	捆木杆起吊牵引用
尖锹	3~4根	挖沟用
平锹	2把	削土台，掏底用
小板镐	2把	掏底用
紧线器	2个	收紧箱板用
钢丝绳	2根，粗0.4寸，每根长10~12cm，附卡子4个	捆木箱用
尖镐	2把，一头尖，一头平	刨土用
斧子	2把	钉薄钢板，砍树根
小铁棍	2根，直径0.6~0.8cm、长0.4m	拧紧线器用
冲子、剁子	各1把	剁薄钢板，薄钢板钉孔用
鹰嘴钳子	1把	调卡子用
千斤顶	1台，油压	上底板用
起重机	1台，起重量视土台大小而定	装、卸用
货车	1台，车型、载重量视树木大小而定	运输树木用
卷尺	1把，3m长	量土台用

二、大树移植方法及技术要求

1. 实际案例展示

2. 软材包装移植法

软材包装法适用于移植胸径 10 ~ 15cm ，土球直径不超过 1.3m 的大树。

（1）掘树技术

1）土球规格。土球的大小依据树木的胸径来确定，一般土球的直径为树木胸径的 7 ~ 10 倍。土球规格见表 4-4。

表 4-4 土球规格

树木胸径/cm	土球规格		
	土球直径/cm	土球高度/cm	留底直径
10 ~ 12	胸径 8 ~ 10 倍	60 ~ 70	土球直径的 1/3
13 ~ 15	胸径 7 ~ 10 倍	70 ~ 80	

2）支撑。一般采用木杆或竹竿于树干下部 1/3 处支撑，要绑扎牢固。

3）拢冠。遇有分枝点低的树木，为了操作方便，于挖掘前用草绳将树冠下部围拢，其松紧以不损伤树枝为度。

4）画线。以树干为中心，按规定土球画圆并撒白灰，作为挖掘的界限。

5）挖掘。沿灰线外缘挖沟，沟宽 60 ~ 80cm，沟深为土球的高度。

6）修坨。挖掘到规定深度后，用铁锹修整土球表面，使上大下小（留底直径为土球直径的 1/3），肩部圆滑，呈苹果形。如遇粗根，应以手锯锯断，不得用铁锹硬铲而造成散坨。

7）缠腰绳。修好后的土球应及时用草绳（预先浸水湿润）将土球腰部系紧，称为“缠腰绳”。操作时，一人缠绕草绳，另一人用石块拍打草绳使其拉紧，并以略嵌入土球为度。草绳每圈要靠紧，宽度为 20cm。缠好腰绳的土球如图 4-7 所示。

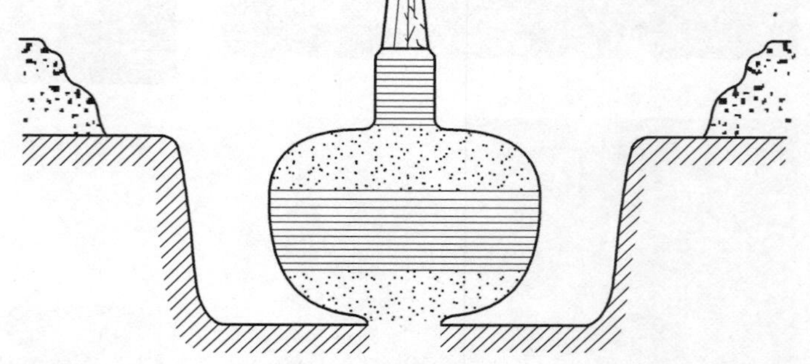

图 4-7 缠好腰绳的土球

8）开沟底。缠好腰绳后，沿土球底部向内刨挖一圈底沟，宽度为 5 ~ 6cm，便于打包时兜底，防止松脱。

9）打包。用蒲包、草袋片、塑料布、草绳等材料，将土球包装起来称为“打包”，如图 4-8 所示。

① 用包装物将土球表面全部盖严，不留缝隙，并用草绳稍加围拢，使包装物固定。

② 用双股湿草绳一端拴在树干上，然后放绳顺序缠绕土球，稍成倾斜状，每次均应通过底部沿至树干基部转折，并用石块拍打拉紧。每道间距为 8cm，土质疏松时则应加密。草绳应排匀理顺，避免互拧。

③ 竖向草绳捆好后，在内腰绳上部，再横捆十几道草绳，并用草绳将内、外腰绳穿连起来系紧。

10）封底。打完包之后，在内腰绳上部，轻轻将树推倒，用蒲包将底部堵严，用草绳捆牢。

我国地域辽阔，自然条件差别很大，土球的大小及包装方法应因地制宜。如南方土质较黏重，可直接用草绳包装，常用橘子包、并字包和五角包等方法。

图 4-8 包装好的土球

（2）吊装、运输、卸车要求

1）准备工作，备好起重机、货运汽车。准备捆吊土球的长粗绳，要求具有一定的强度和柔软性。准备隔垫用木板、蒲包、草袋及拢冠用草绳。

2）吊装前，用粗绳捆在土球下部（约2/5处）并垫以木板，再拴以脖绳控制树干。先试吊一下，检查有无问题，再正式吊装。

3）装车时应土球朝前，树梢向后，顺卧在车厢内，将土球垫稳并用粗绳将土球与车身捆牢，防止土球晃动。

4）树冠较大时，可用细绳拢冠，绳下塞垫蒲包、草袋等物，防止磨损枝叶。

5）装运过程中，应有专人负责，特别注意保护主干式树木的顶枝不受损伤。

6）卸车也应使用起重机，有利于安全和质量的保证。卸车后，如不能立即栽植，应将苗木立直，支稳，严禁苗木斜放或倒地。

（3）栽植技术

1）挖穴。树坑的规格应大于土球的规格，一般坑径大于土球直径40cm，坑深大于土球高度20cm。遇土质不好时，应加大树坑规格并进行换土。

2）施底肥。需要施用底肥时，将腐熟的有机肥与土拌匀，施入坑底和土球周围（随栽随施）。

3）入穴。入穴时，应按原生长时的南北向就位（可能时取姿态最佳一面作为主要观赏面）。树木应保持直立，土球顶面应与地面平齐。可事先用卷尺分别量取土球和树坑尺寸，如不相适应，应进行调整。

4）支撑。树木直立平稳后，立即进行支撑。为了保护树干不受磨伤，应预先在支撑部位用草绳将树干缠绕护层，防止支柱与树干直接接触，并用草绳将支柱与树干捆绑牢固，严防松动。

5）拆包。将包装草绳剪断，尽量取出包装物，实在不好取时可将包装材料压入坑底。如发现土球松散，严禁松解腰绳和下部包装材料，但腰绳以上的所有包装材料应全部取出，以免影响水分渗入。

6）填土。应分层填土、分层夯实（每层厚20cm），操作时不得损伤土球。

7）筑土堰。在坑外缘取细土筑一圈高30cm灌水堰，用锹拍实，以备灌水。

8）灌水。大树移植后应及时灌水，第一次灌水量不宜过大，主要起沉实土壤地作用，第二次水量要足，第三次灌水后即可封堰。

3. 硬箱包装移植法

硬箱多以平板为主，也有用新材料取代木板的，下面以木箱为例介绍包装移植法。硬箱包装法适用于胸径157～300cm的大树，其优点是可以保证吊装运输的安全而不散坨。

（1）移植时间　由于利用硬箱包装，相对保留了较多根系，并且土壤与根系接触紧密，水分供应较为正常，除新梢生长旺盛期外，一年四季均可进行移植，但为了确保成活率，还是应该选择适宜季节进行移植。

（2）机具准备　掘苗前应准备好需用的全部工具、材料、机械和运输车辆，并由专人管理。

（3）掘苗技术

1）土台（块）规格。在确保成活率的前提下，尽量减小土台的大小。一般土台的上边长为树木胸径的7～10倍。土台（块）规格见表4-5。

表4-5 土台（块）规格

树木胸径/cm	15～18	18～24	25～17	28～30
硬箱规格(上边长×高)/m	1.5×0.6	1.8×0.7	2.0×2.7	2.2×0.8

2）挖土台。

① 画线。以树干为中心，以边长尺寸加大5cm画正方形，作为土台范围。同时，做出南北方向的标记。

② 挖沟。沿正方形外缘挖沟，沟帘应满足操作要求，一般为0.6～0.8m，一直挖到规定的土台厚度。

③ 去表土。为了减轻重量，可将根系减少的表层土挖去，以出现较多树根处开始计算土台厚度，可使土台内含有较多的根系。

④ 修平。挖掘到规定深度后，用锹修平土台四壁，并使四面中间部位略为凸起。修平后的土台尺寸应稍大于边板规格，以便绞紧后使箱板与土台靠紧。土台应呈上宽下窄的倒梯形，与边板形状一致。

3）上边板。

① 立边板。土台修好后，应立即上箱板，以免土台坍塌。先将边板沿土台四壁放好，使每块箱板中心对准树干中心，并使箱板上边低于土台顶面1～2cm，作为吊装时土台下沉的余量。两块箱板的端头应沿土台四角略为退回。随即用蒲包片将土台四角包严，两头压在箱板下。然后在木箱边板距上、下口15～20cm处各绕钢丝绳一道。

② 上紧线器。在两道钢丝绳各自接头处装上紧线器并使其处于相对方向（东西或南北）中间板带处，同时紧线器从上向下转动应为工作行程。先松开紧线器，收紧钢丝绳，使紧线器处于有效工作状态。紧线器在收紧时，必须两个同时进行，收紧速度下绳应稍快于上绳。收紧到一定程度时，可用木棍锤打钢丝绳，如发出嘣嘣的弦音表示已经收紧，即可停止。

③ 固定箱体。箱板被收紧后，即可在四角钉上薄钢板（铁腰子）。每道薄钢板上至少要有两对钢钉钉在带板上。钉子稍向外侧倾斜，以增强拉力，四角薄钢板钉完后用小锤敲击薄钢板，发出当当的弦音时说明薄钢板已紧固，即可松开紧线器，取下钢丝绳。

④ 加深边沟。沿木箱四周继续将边沟下挖30～40cm，以便掏底。

⑤ 支树干。用木杆（竹竿）支撑树干并绑牢，保证树木直立。

4）掏底与上底板。用小板镐和小平铲将箱底土台大部掏挖空，称为“掏底”，以便钉封底板。掏底应分次进行，每次掏底宽度应等于或稍大于欲钉底板每块木板的宽度。掏够一块板宽度，应立即钉上一块底板，底板间距一般为10～15cm，应排列均匀。上底板之前，应按量取所需底板长度（与所对应木箱底口的外沿平齐）下料（锯取底板），并在每块底板两头钉好薄钢板。上底板时，先将一端贴紧边板，将薄钢板钉在箱体带板上，底面用圆木墩顶牢（圆木墩下可以垫木）；另一头用油压千斤顶顶起与边板贴紧，用薄钢板钉牢，撤下千斤顶，支牢木墩。两边底板上完后，再继续向内掏挖。

支撑箱体：在掏挖箱底中心部位前，为了防止箱体移动，保证操作人员安全，将箱体的上部分别用横木支撑，使其固定。支撑时，先于坑边挖穴，穴内置入垫板，将横木一端支垫，另一端顶住木箱中间带板并用钉子钉牢。

掏中心底：掏中心底时要特别注意安全，操作人员身体严禁伸入箱底，并派人在旁监视，防止事故发生。风力达到4级以上时，应停止操作。

底部中心也应略凸成弧形，以利底板靠紧。粗根应锯断并稍陷入土内。

掏底过程中，如发现土质松散，应及时用窄板封底；如有土脱落时，马上用草袋、蒲包填塞，再上底板。

5）上盖板。于木箱上口钉木板拉结，称为“上盖板”。上盖板前，将土台上表面修成中间稍高于四周，并于土台表面铺一层蒲包片。树干两侧应各钉两块木板，其间距15～20cm。若采用其他材料取代木板，其方法基本一致，只不过固定箱体采用新工艺，而不是用钉子固定。

（4）吊装、运输、卸车要求　木箱包装移植大树，因其质量较大（单株质量在2t以上），必须使用起重机吊装。生产中常用汽车式起重机，其优点是机动灵活，行驶速度快，操作简捷。

1）装车。运输车辆一般为大型货车，树木过大时，可用大型拖车。吊装前，用草绳捆拢树冠，以减少损伤。先用一根长度适当的钢丝绳，在木箱下部1/3处将木箱拦腰围住，将两头绳套扣在起重机的吊钩上，轻轻起吊，待木箱离地前停车。用蒲包片或草袋片将树干包裹起来，并于树干上系一根粗绳，另一端吊在吊钩上，防止树冠倒地，如图4-9所示。

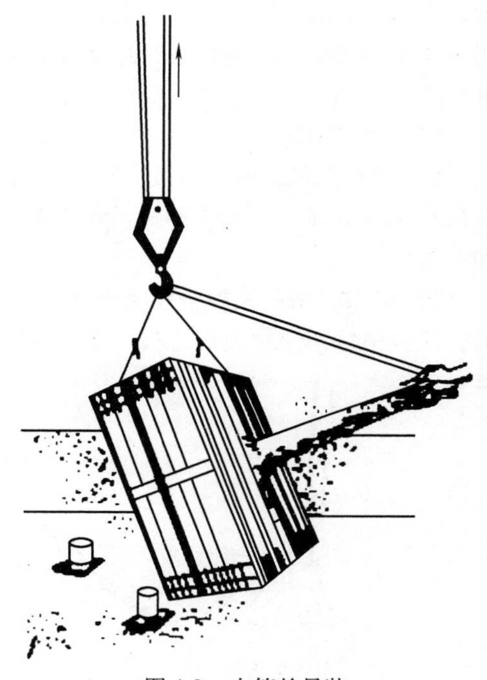

图4-9　木箱的吊装

继续起吊，当树身躺倒时，在分枝处拴1～2根绳子，以便用人力来控制树木的位置，避免损伤树冠，便于吊装作业。

装车时木箱在前，且木箱上口与后轴相齐，木箱下面用方木垫稳。为使树冠不拖地，在车厢尾部用两根木棍绑成支架将树干支起，并在支架与树干间塞垫蒲包或草袋防止树皮被擦伤，用绳子捆牢。捆木箱的钢丝绳应用紧线器绞紧。木箱包装大树装车法如图4-10所示。

2）运输。大树运输，必须专人在车厢上押运，保护树木不受损伤。

开车前，押送人员必须仔细检查装车情况，如绳索是否牢固，树冠能否拖地，与树干接触的部位是否都用蒲包或草袋隔垫等。发现问题，应及时采取措施解决。

对超长、超宽、超高的情况，事先应有处理措施，必要时，事先办理行车手续。对需要进行病虫害检疫的树木，应事先办理检

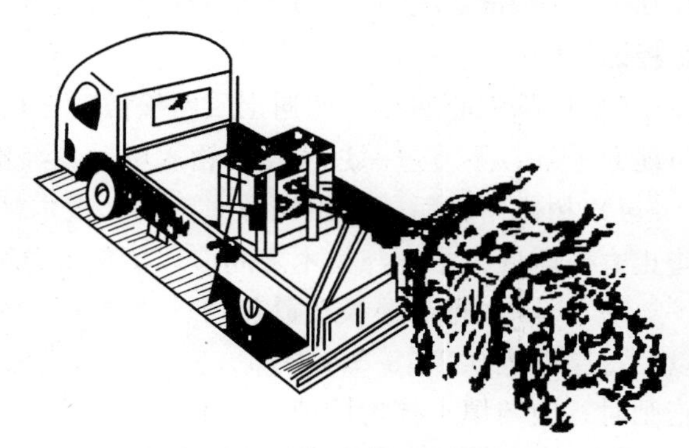

图4-10　木箱包装大树装车法

疫证明。

押运人员应随车携带绝缘竹竿，以备途中支举架空电线。

押运人员应站在车厢内，便于随时监视树木状态，出现问题及时通知驾驶员停车处理。

3）卸车。卸车前，先解开捆拢树冠的小绳，再解开大绳，将车停在预定位置，准备卸车。起吊用的钢丝绳和粗绳与装车时相同。木箱吊起后，立即将车开走。

木箱应呈倾斜状，落地前在地面上横放一根40cm×40cm大方木，使木箱落地时作为枕木。木箱落地时要轻缓，以免振松土台。用两根方木（10cm×10cm，长2m）垫在木箱下，间距0.8～1.0m，以便栽吊时穿绳操作，如图4-11所示，松缓吊绳，轻摆吊臂，使树木慢慢立直。

（5）栽植技术

1）用木箱移送大树，坑（穴）应挖成方形，且每边应比木箱宽出0.5m，深度大于木箱高0.15～0.20m。土质不好，还应加大坑穴规格。需要客土或施底肥时，应事先备好客土和有机肥。

2）树木起吊前，检查树干上原包装物是否严密，以防擦伤树皮。用两根钢丝绳兜底起吊，注意吊钩不要擦伤树木枝、干，如图4-12所示。

图4-11　卸车垫木方法　　　　图4-12　大树入坑（穴）方法

树木就位前，按原标记的南北方向找正，满足树木的生长需求。同时，在坑底中央堆起高0.15～0.2m，宽0.7～0.8m的长方形土台，且使其纵向与木箱底板方向一致，便于两侧底板的拆除。

3）拆除中心底板，如遇土质已松散时，可不必拆除。严格掌握栽植深度，应使树干底与地面平齐，不可过深过浅。木箱入坑后，经检查即可拆除两侧底板。

4）树木落稳后，抽出钢丝绳，用3根木杆或竹竿支撑树木分枝点以上部位，绑牢。为防止磨伤树皮，木杆与树木之间应以蒲包或草绳隔垫。

5）拆除木箱的上板及覆盖物。填土至坑深的1/3时，方可拆除四周边板，以防塌坨。以后每层填土0.2～0.3m厚即夯实一遍，确保栽植牢固，并注意保护土台不受破坏。需要施肥时，应与填土拌匀后填入。

6）大树栽植应筑双层灌水堰（外层土堰筑在树坑外缘，内层土堰筑在土台四周），土堰高为0.2m拍实。内外堰同时灌水以灌满土堰为止。水渗后，将堰内填平，紧接着灌第二遍水。以后灌水视需要而定，每次灌水后待表土稍干，均应进行松土，以利保墒。

4. 裸根移植法

适用于容易成活，胸径10~20cm的落叶乔木。移植时间应在落叶后至萌芽前的休眠期内。

（1）掘苗技术

1）落叶乔木根系直径要求为胸径的8~10倍。

2）重剪树冠。对一些容易萌发的树种，如悬铃木、槐、柳、元宝枫等树种，可在定出一定的留干高度和一定的主枝后，将其上部全部剪去，称为“抹头”。

3）按根辐外缘挖沟，沟宽0.6~0.8m，沟深按规定。挖掘时，遇粗根用手锯锯断，不可造成劈裂等损伤。

4）全部侧根切断后，于一侧继续深挖，轻摇树干，探明深层大根、主根部位，并切断，再将树身推倒，切断其余树根。然后敲落根部土壤，但不得碰伤根皮和须根。

（2）运输要求

1）装车时，树根朝前，树梢朝后，轻拿轻放，避免擦伤树木。

2）树木与车厢、绳索等接触处，应铺垫草袋或蒲包等物加以保护。

3）为了防止风吹日晒，应用苫布将树根盖严拢实，必要时可浇水，保护根部潮湿。

4）卸车时按每株顺序卸下，轻拿轻放，严禁推下。

（3）栽植技术

1）裸根大树运到现场后，应立即进行栽植。实践证明，随起、随运、随栽是提高成活最有效的措施。

2）树坑（穴）规格应略大于树根，坑底应挖松、整平，如需换土、施肥应一并在栽植前完成。

3）栽前应剪除劈裂受损之根，并复剪一次树冠，较大剪口应涂抹防腐剂。

4）栽植深度，一般较树干茎部的原土痕深5cm，分层填实，并要筑好灌水土堰。

5）树木支撑，一般采用三支柱，树干与树枝间需用蒲包或草绳隔垫，相互间用草绳绑牢固，不得松动。

6）栽后应连续灌水3次，以后灌水视需要而定，并适时进行中耕松土，以利保墒。

5. 其他移植方法

（1）冻土球移植技术要求　在冻土层较深的北方，在土壤板结期挖掘土球可不进行包装，且土球坚固、根系完好、便于运输，有利于成活，是一种既方便又经济的移植大树的好方法。冻土球移植法适用于耐严寒的乡土树种。

1）在土壤封冻前灌水湿润土壤，待气温降至零下12~15℃，冻土深达20cm时，开始挖掘。

2）冻土层较浅，下部尚未冻结时，需停放2~3天，待其冻结，再进行挖掘。也可泼水，促其冻结。

3）树木全部挖好后，如不能及时移栽，可填入枯草落叶覆盖，以免晒化或寒风侵袭冻坏根系。

4）一般冻土移栽重量较大，运输时也需使用起重机装卸，由于冬季枝条较脆，吊装运输过程中要格外注意采取有效保护措施，保护树木不受损伤。树坑（穴）最好于结冻前挖好，可省工省力。移植时应填入未结冰的土壤，夯实，灌水支撑，为了保墒和防冻，应于树干基部堆土成台。待春季解冻后，将填土部位重新夯实、灌水、养护。

（2）机械移植法　树木移植机是一种在汽车或拖拉机上装有操作尾部四扇能张合的匙状大铲的移树机械。树木移植机具有性能好、效率高、作业质量好，集挖、掘、吊运、栽植于一体的作业方式，真正成为随挖、随运、随栽的流水作业，成活率极高，是今后的发展方向。

目前我国使用的有大、中、小三种机型：

1）大型机可挖土球直径160cm，用于移植径级16～20cm以下的大树。

2）中型机可挖土球直径100cm，用于移植径级10～12cm以下的树木。

3）小型机可挖土球直径60cm，用于移植径级6cm以下的大苗。

第九节　反季节绿化施工

一、苗木选择

在非适宜季节种树，需要选择合适的苗木才能提高成活率。选择苗木时应从以下几方面入手。

（1）选移植过的树木　最好选择最近两年已经移植过的树木，其新生的细根都集中在树蔸部位，树木再移植时所受影响较小，在非适宜季节中栽植的成活率较高。

（2）采用假植的苗木　对需要反季节栽植树木，可提前掘取并假植，假植几个月以后的苗木，其根蔸处开始长出新根，根的活动比较旺盛，在不适宜的季节中栽植也比较容易成活。

（3）适当扩大土球直径，选土球最大的苗木　从苗圃挖出的树苗，如果是用于非适宜季节栽种其土球应比正常情况下大一些；土球越大，根系越完整，栽植越易成功。如果是裸根的苗木，也要求尽可能带有心土，并且所留的根要长，细根要多。

（4）选用盆栽苗木下地栽种　反季节绿化时，若能选用盆栽几年的苗木下地栽种，因其根系完整未损，则既容易运输，栽植也容易成活。

（5）尽量使用小苗　小苗比大苗的移栽成活率更高，在反季节绿化时只要不急于很快获得较好的绿化效果，都应当使用小苗。

二、修剪整形

对选用的苗木，栽植之前应当进行一定程度的修剪整形，以保证苗木顺利成活。

（1）裸根苗木整剪　栽植之前，应对根部进行整理，剪掉断根、枯根、烂根，短截无细根的主根；还应对树冠进行修剪，一般要剪掉全部枝叶的1/3～1/2，使树冠的蒸腾作用面积大大减小。

（2）带土球苗木的修剪　带土球的苗木不用进行根部修剪，只对树冠修剪即可。修剪时，可连枝带叶剪掉树冠的1/3～1/2；也可在剪掉枯枝、病虫枝以后，将全树的每一个叶片都剪截1/2～1/3，以大大减少叶面积的办法来降低全树的水分蒸腾总量。

三、栽植技术处理

为了确保栽植成活，在反季节栽植过程中要注意以下一些问题并采取相应的技术措施。

（1）栽植时间确定　经过修剪的树苗应马上栽植。如果运输距离较远，则根蔸处要用肥料培植出来的地毯式草坪种植带包装。

（2）栽植　种植穴要按一般的技术规程挖掘，穴底要施基肥并铺设细土垫层，种植土应疏松肥沃。把树苗根部的包扎物除去，在种植穴内将树苗立正栽好，填土后稍稍向上提一提，再插实土壤并继续填土至穴顶。最后，在树苗周围做出拦水的围堰。

（3）灌水　树苗栽好后要立即灌水，灌水时要注意不损坏土围堰。土围堰中要灌满水，让水慢慢浸下到种植穴内。为了提高定植成活率，可在所浇灌的水中加入生长素，刺激新根生长。生长素一般采用萘乙酸，先用少量酒精将粉状的萘乙酸溶解，然后掺进清水，配成浓度为200mg/L的浇灌液，作为第一次定根水进行浇灌。

四、苗木管理与养护

由于是在不适宜的季节中栽树，因此，苗木栽好后就更加要强化养护管理。平时，要注意浇水，浇水要掌握“不干不浇，浇则浇透”的原则；还要经常对地面和树苗叶面喷洒清水，增加空气湿度，降低植物蒸腾作用。在炎热的夏天，应对树苗进行遮阴，避免强阳光直射。在寒冷的冬季，则应采取地面盖草、树侧设立风障、树冠用薄膜遮盖等方法，来保持土温和防止寒害。

第五章　园路与广场工程建设施工

第一节　园路与广场工程施工

一、园路工程

1. 实际案例展示

2. 地基与路面基层的施工

（1）施工准备　根据设计图，核对地面施工区域，确认施工程序、施工方法和工程量。勘察、清理施工现场，确认和标示地下埋设物并测定地面高程点（水准点）。

（2）材料准备　确认和准备路基加固材料、路面垫层、基层材料和路面面层材料，包括碎石、块石、石灰、砂、水泥或设计所规定的预制砌块、饰面材料等。材料的规格、质量、数量以及临时堆放位置，都要确定下来。

（3）道路放线　将设计图标示的园路中心线上各编号里程桩，测设落实到相应的地面位置，用长30～40cm的小木桩垂直钉入桩位，并写明桩号。钉好的各中心桩之间的连线，即为园路的中心线。再以中心桩为准，根据路面宽度钉上边线桩，最后可放出园路的中线和边线。

（4）地基施工　首先确定路基作业使用的机械及其进入现场的日期；重新确认水准点；调整路基表面高程与其他高程的关系；然后进行路基的填挖、整平、碾压作业。按已定的园路边线，每侧放宽200mm开挖路基的基槽；路槽深度应等于路面的厚度。按设计横坡度，进行路基表面整平，再碾压或打夯，压实路槽地面；路槽的平整度允许误差不大于20mm。对填土路基，要分层填土分层碾压，对于软弱地基，要做好加固处理。施工中注意随时检查横断面坡度和纵断面坡度。其次，要用暗渠、侧沟等排除流入路基的地下水、涌水、雨水等。

（5）垫层施工　运入垫层材料，将灰土、砂石按比例混合，也可在固定地点先将灰土、砂石按比例混合后运入，再进行垫层材料的铺垫，刮平和碾压。如用灰土做垫层，铺垫一层灰土就称为一步灰土，一步灰土的夯实厚度应为150mm；而铺填时的厚度根据土质不同，在210～240mm之间。

（6）路面基层施工　确认路面基层的厚度与设计标高；运入基层材料，分层填筑。基层的每层材料施工碾压厚度是：下层为200mm以下，上层为150mm以下；基层的下层要进行检验性碾压。基层经碾压后，没有达到设计标高的，应该翻起已压实部分，一面摊铺材料，一面重新碾压，直到压实后达到设计标高。两次施工中产生的接缝，应将上次施工完成的末端部分翻起来，与本次施工部分一起滚碾压实，不得将上次末端部分未处理就直接滚压下次。

（7）面层施工准备　在完成的路面基层上，重新定点、放线，放出路面的中心线及边线。设置整体现浇路面边线处的施工挡板，确定砌块路面的砌块行列数及拼装方式。面层材料运入场。

3. 水泥混凝土面层施工

（1）核实准备工作　核实、检验和确认路面中心线、边线及各设计标高点的正确无误。

（2）钢筋网的绑扎　若是钢筋混凝土面层，则按设计选定钢筋并编扎成网。钢筋网应在基层表面以上架离，架离高度应距混凝土面层顶面50mm。钢筋网接近顶面设置要比在底部加筋更能保证防止表面开裂，也更便于充分捣实混凝土。

（3）材料的配制、浇筑和捣实　按设计的材料比例，配制、浇筑、捣实混凝土，并用长1m以上的直尺将顶面刮平。顶面稍干一点，再用抹灰砂板抹平至设计标高。施工中要注意做出路面的横坡与纵坡。

（4）养护管理　混凝土面层施工完成后，应即时开始养护。养护期应为7d以上，冬期施工后的养护期还应更长些。可用湿的织物、稻草、锯木粉、湿砂及塑料薄膜等覆盖在路面上进行养护。冬季寒冷，养护期中要经常用热水浇洒，要对路面保温。夏季，要注意雷雨天雨滴对路面的冲溅，应及时设法保护。此外，还要防止人畜踩踏。

（5）路面装饰　路面要进一步进行装饰的，可按下述的水泥路面装饰方法继续施工。

不再做路面装饰的，则待混凝土面层基本硬化后，用锯割机每隔7～9m锯缝一道，作为路面的伸缩缝（伸缩缝也可在浇筑混凝土之前预留）。

4. 水泥路面的装饰施工

水泥路面装饰的方法有很多种，要按照设计的路面铺装方式来选用合适的施工方法。常见的施工方法及其施工技术要领如下。

（1）普通抹灰与纹样处理　用普通灰色水泥配制成1:2或1:2.5水泥砂浆，在混凝土面层浇筑后尚未硬化时进行抹面处理，抹面厚度为10～15mm。当抹面层初步收水，表面稍干时，再用下面的方法进行路面纹样处理。

1）滚花。用钢丝网做成的滚筒，或者用模纹橡胶裹在300mm直径钢管外做成的滚筒，在经过抹面处理的混凝土面板上滚压出各种细细密纹理。滚筒长度1m以上比较好。

2）压纹。利用一块边缘有许多整齐凸点或凹槽的木板或木条，在混凝土抹面层上挨着压下，一面压一面移动，就可以将路面压出纹样，起到装饰作用。用这种方法时要求抹面层的水泥砂浆含砂量较高，水泥与砂的配合比可为1:3。

3）锯纹。在初浇的混凝土表面，用一根直木条如同锯割一般来回动作，一面锯一面前移，既能够在路面锯出平行的直纹，有利于路面防滑，又有一定的路面装饰作用。

4）刷纹。最好使用弹性钢丝做成刷纹工具。刷子宽450mm，刷毛钢丝长100mm左右，木把长1.2～1.5m。用这种钢丝刷在未硬的混凝土面层上可以刷出直纹、波浪纹或其他形状的纹理。

（2）彩色水泥抹面装饰　水泥路面的抹面层所用水泥砂浆，可通过添加颜料而调制成彩色水泥砂浆，用这种材料可做出彩色水泥路面。彩色水泥调制中使用的颜料，需选用耐光、耐碱、不溶于水的无机矿物颜料，如红色的氧化铁红、黄色的柠檬铬黄、绿色的氧化铬绿、蓝色的钴蓝和黑色的炭黑等。彩色水泥的配制见表5-1。

表5-1　彩色水泥的配制

调制水泥色	水泥及其用量/g	颜料及其用量/g
红色、紫砂色水泥	普通水泥500	铁红20～40
咖啡色水泥	普通水泥500	铁红15、铬黄20
橙黄色水泥	白色水泥500	铁红25、铬黄10
黄色水泥	白色水泥500	铁红10、铬黄25
苹果绿色水泥	白色水泥1000	铬绿150、钴蓝50
	普通水泥500	铬绿0.25
青色水泥	白色水泥1000	钴蓝0.1
灰黑色水泥	普通水泥500	炭黑适量

（3）彩色水磨石饰面　彩色水磨石饰面是用彩色水泥石子浆罩面，再经过磨光处理而做成的装饰性路面。按照设计，在平整、粗糙、已基本硬化的混凝土路面面层上，弹线分格，用玻璃条、铝合金条（或铜条）作分格条。然后在路面刷上一道素水泥浆，再用1:1.25～1:1.50彩色水泥细石子浆铺面，厚度8～15mm。铺好后拍平，表面用滚筒压实，待出浆后再用抹子抹平。用作水磨石的细石子，如采用方解石，并用普通灰色水泥，做成的就是普通水磨石路面。如果用各种颜色的大理石碎屑，再用不同颜色的彩色水泥配制一起，就可做成不同颜色的彩色水磨石路面。水磨石的开磨时间应以石子不松动为准，磨后将泥浆

冲洗干净。待稍干时，用同色水泥浆涂擦一遍，将砂眼和脱落的石子补好。第二遍用 100 ~ 150 号金刚石打磨，第三遍用 180 ~ 200 号金刚石打磨，方法同前。打磨完成后洗掉泥浆，再用 1:20 的草酸水溶液清洗，最后用清水冲洗干净，即形成彩色水磨石饰面。

（4）露骨料饰面　采用这种饰面方式的混凝土路面和混凝土铺砌板，其混凝土应该用粒径较小的卵石配制。混凝土露骨料主要是采用刷洗的方法，在混凝土浇好后 2 ~ 6h 内就应进行处理，最迟不得超过浇好后 16 ~ 18h。刷洗工具一般用硬毛刷子和钢丝刷子。刷洗应当从混凝土板块的周边开始，要同时用充足的水把刷掉的泥沙洗去，把每一粒暴露出来的骨料表面都洗干净。刷洗后 3 ~ 7d 内，再用 10% 的盐酸水洗一遍，使暴露的石子表面色泽更明净，最后还要用清水把残留盐酸完全冲洗掉。

5. 片块状材料的路面砌筑

片块状材料做路面面层，在面层与道路基层之间所用的结合层做法有两种：一种是湿法砌筑，即用湿性的水泥砂浆、石灰砂浆或混合砂浆作结合材砌筑；另一种是干法砌筑，即用干性的细砂、石灰粉、灰土（石灰和细土）、水泥粉砂等作为结合材料或垫层材料。

（1）湿法砌筑　用厚度为 15 ~ 25mm 的湿性结合材料，如用 1:2.5 或 1:3 水泥砂浆、1:3石灰砂浆、M2.5 混合砂浆或 1:2 灰泥浆等，垫在路面面层混凝土板上面或垫在路面基层上面作为结合层，然后在其上砌筑片状或块状贴面层。砌块之间的结合以及表面抹缝，也用这些结合材料。以花岗石、釉面砖、陶瓷广场砖、碎拼石片、陶瓷锦砖等片状材料贴面铺地，都要采用湿法铺砌。用预制混凝土方砖、砌块或黏土砖铺地，也可以用这种砌筑方法。

（2）干法砌筑　它以干性粉沙状材料，做路面面层砌块的垫层和结合层。其材料常见有：干砂、细砂土、1:3 水泥干砂、1:3 石灰干砂、3:7 细灰土等。砌筑时，先将粉料材料在路面基层上平铺一层，厚度是：用干砂、细土做垫层厚 30 ~ 50mm，用水泥砂、石灰砂、灰土做结合层厚 25 ~ 35mm，铺好后找平。然后按照设计的砌块、砖块拼装图案，在垫层上拼砌成路面面层。路面每拼装好一小段，就用平直的木板垫在顶面，以铁锤在多处振击，使所有砌块的顶面都保持在一个平面上，这样可将路面铺装得十分平整；路面铺好后，再用干燥的细砂、水泥粉、细石灰粉等撒在路面上并扫入砌块缝隙中，使缝隙填满，最后将多余的灰砂清扫干净。以后，砌块下面的垫层材料将慢慢硬化，使面层砌块和下面的基层紧密结合为一体。适宜采用这种干法砌筑的路面材料主要有：石板、整形石块、混凝土铺路板、预制混凝土方砖和砌块等。传统古建筑庭院中的青砖铺地、金砖墁地等地面工程，也常采用干法砌筑。

6. 地面镶嵌与拼花

施工前，要根据设计的图样，准备好镶嵌地面所需用的砖石材料。设计有精细图形的，先要在细密质地的青砖上放好大样，再细心雕刻，做好雕刻花砖，施工中可嵌镶于铺地图案中。要精心挑选铺地用的石子，挑选出的石子应按照不同颜色、大小、不同长扁形状分类堆放，铺地拼花时才能方便使用。

施工时，先要在已做好的道路基层上，铺垫一层结合材料，厚度一般可在 40 ~ 70mm 之间。垫层结合材料主要用：1:3 石灰砂、3:7 细灰土、1:3 水泥砂等，用干法砌筑或湿法砌筑都可以，但干法施工更为方便一些。在铺平的松软垫层上，按照预定的图样开始镶嵌拼花。一般用立砖、小青瓦瓦片来拉出线条、纹样和图形图案，再用各色卵石、砾石镶嵌做花，或者拼成不同颜色的色块，以填充图形大面。然后，经过进一步修饰和完善图案纹样，并尽量平铺后，就可以定稿。定稿后的铺地地面，仍要用水泥干砂、石灰干砂撒布其上，并扫入砖石缝隙中填实。最后，除去多余的水泥石灰干砂，清扫干净；再用细孔喷壶对地面喷洒清水，稍使地面湿润即可，不能用大水冲击或使路面有水流淌。完成后，养护 7 ~ 10d。

7. 嵌草路面的铺砌

无论用预制混凝土铺路板、实心砌块、空心砌块，还是用顶面平整的乱石、整形石块或石板，都可以铺装成砌块嵌草路面。施工时，先在整平压实的路基上铺垫一层栽培壤土做垫层。壤土要求比较肥沃，不含粗颗粒物，铺垫厚度为 100 ~ 150mm。然后在垫层上铺砌混凝土空心砌块或实心砌块，砌块缝中半填壤土；并播种草籽。

实心砌块的尺寸较大，草皮嵌种在砌块之间预留的缝隙的土壤中。草缝设计宽度可在 20 ~ 50mm 之间，缝中填土达砌块的 2/3 高。砌块下面如上所述用壤土做垫层并起找平作用，砌块要铺装得尽量平整。实心砌块嵌草路面上，草皮形成的纹理是线网状的。空心砌块的尺寸较小，草皮嵌种在砌块中心预留的孔中。砌块与砌块之间不留草缝，常用水泥砂浆粘接。砌块中心孔填土也为砌块的 2/3 高；砌块下面仍用壤土做垫层找平，使嵌草路面保持平整。空心砌块嵌草路面上，草皮呈点状而有规律地排列。要注意的是，空心砌块的设计制作，一定要保证砌块的结实坚固和不易损坏，因此其预留孔径不能太大，孔径最好不超过砌块直径的 1/3 长。

采用砌块嵌草铺装的路面，砌块和嵌草层是道路的结构面层，其下面只能有一个壤土垫层，在结构上没有基层，只有这样的路面结构才能有利于草皮的存活与生长。

二、广场工程施工

1. 实际案例展示

2. 施工准备

（1）材料准备　准备施工机具、路面基层和面层的铺装材料，以及施工中需要的其他材料；清理施工现场。

（2）场地放线　根据广场设计图绘制施工坐标方格网，将所有坐标点测设到场地上，在各坐标点上打桩定点。然后以坐标桩点为准，根据广场设计图，在场地地面上放出场地的边线、主要地面设施的范围线和挖方区、填方区之间的零点线。

（3）地形复核　对照广场竖向设计图，复核场地地形。各坐标点、控制点的自然地坪标高数据有缺漏的，要在现场测量补上。

3. 场地处理

场地处理主要是挖方与填方施工、场地整平与找坡、确定边缘地带的竖向连接方式。

（1）挖方与填方施工　挖、填方工程量较小时，可用人力施工；工程量大时，应该进行机械化施工。预留作草坪、花坛及乔灌木种植地的区域，可暂不开挖。水池区域要同时挖到设计深度。填方区的堆填顺序，应当是先深后浅；先分层填实深处，后填浅处。每填一层就夯实一层，直到设计的标高处。挖方过程中要将挖出的适宜栽培的肥沃土壤，临时堆放在广场外边，以后再填入花坛和草坪、种植地中。

（2）场地整平与找坡　挖、填方工程基本完成后，对挖填出的新地面要进行整理。要铲平地面，使地面平整度变化限制在20mm以内。根据各坐标桩标明的该点挖填高度数据和设计的坡度数据，对场地进行找坡，保证场地内各处地面都基本达到设计的坡度。土层松软的局部区域，还要做地基加固处理。

（3）确定边缘地带的竖向连接方式　根据场地周边与建筑、园路、管线等的连接条件，确定边缘地带的竖向连接方式，调整连接点的地面标高。还要确认地面排水口的位置，调整排水沟的底部标高，使广场地面与周围地坪的连接更自然，排水、通道等方面的矛盾降至最低限度。

4. 地面施工

（1）基层的施工　按照设计的路面层次结构与做法进行施工，可参照前面关于园路地基与基层施工的内容，结合广场地坪面积更宽大的特点，在施工中要特别注意基层大面积的稳定性均匀一致，以确保施工质量，尽量避免广场地面发生不均匀沉降的现象。

（2）面层的施工　采用整体现浇面层的区域，可把该区域划分成若干规则的地块，每一地块面积在7m×9m~9m×10m之间，然后一个地块一个地块地施工。地块之间的缝隙做成伸缩缝，用沥青棉纱等材料填塞。采用混凝土预制砌块铺装的，可按照本节前面有关内容进行施工。

（3）地面装饰　依照设计的图案、纹样、颜色、装饰材料等进行地面装饰性铺装，其铺装方法也请参照前面有关内容。

广场地面还有一些景观设施，如花坛、草坪、树木种植地等，其施工的情况当然和铺装地面不同。如花坛施工，先要按照花坛设计图，将花坛中心点的位置测设到地面相应位点，并打木桩标定；然后以中心点为准，进行花坛的施工放线。在放出的施工花坛边线上，即可砌筑花坛边缘石，最后做成花坛。又如草坪的施工，则是在预留的草坪种植地周围，砌筑道牙或砌筑边缘石，再整平土面，经土壤处理后可铺种草坪。再如水池的施工，要按照设计图找出水池的中心点，并按比例放出水池边线后，挖取土壤形成水池，在挖方过程中已挖出水池基本形状，这时主要是根据水池设计图进行池底的铺装、池壁的砌筑和池岸的装饰。

第二节　园路变式及其局部施工

一、园路变式施工

1. 实际案例展示

2. 园林梯道结构

园林道路在穿过高差较大的上下层台地，或者穿行在山地、陡坡地时，都要采用踏步梯道的形式。即使在广场、河岸等较平坦的地方，有时为了创造丰富的地面景观，也要设计一些踏步或梯道，使地面的造型更加富于变化。园林梯道种类及其结构设计要点如下所述。

（1）砖石阶梯踏步　以砖或整形毛石为材料，M2.5 混合砂浆砌筑台阶与踏步，砖踏步表面按设计可用 1:2 水泥砂浆抹面，也可做成水磨石踏面，或者用花岗石、防滑釉面地砖作贴面装饰。根据行人在踏步上行走的规律，一级踏步的踏面宽度应设计为 28 ~ 38cm，适当再加宽一点也可以，但不宜宽过 60cm；二级踏步的踏面可以宽 90 ~ 100cm。每一级踏步的宽度最好一致，不要忽宽忽窄。每一级踏步的高度也要统一起来，不得高低相间。一级踏步的高度一般情况下应设计为 10 ~ 16.5cm，因为低于 10cm 时行走不安全，高于 16.5cm 时行走较吃力。

儿童活动区的梯级道路，其踏步高应为 10 ~ 12cm，踏步宽不超过 46cm。一般情况下，园林中的台阶梯道都要考虑伤残人轮椅车和自行车推行上坡的需要，要在梯道两侧或中带设置斜坡道。梯道太长时，应当分段插入休息缓冲平台；使梯道每一段的梯级数最好控制在 25 级以下；缓冲平台的宽度应在 1.58m 以上，太窄时不能起到缓冲作用。在设置踏步的地段上，踏步的数量至少应为 2 ~ 3 级，如果只有一级而又没有特殊的标记，则容易被人忽略，使人绊跤。

（2）混凝土踏步　一般将斜坡上素土夯实，坡面用1:3:6 三合土（加碎砖）或灰土（加碎砖石）做垫层并筑实，厚6～10cm；其上采用C10 混凝土现浇做踏步。踏步表面的抹面可按设计进行。每一级踏步的宽度、高度以及休息缓冲平台、轮椅坡道的设置等要求，都与砖石阶梯踏步相同，可参照进行设计。

（3）山石蹬道　在园林土山或石假山及其他一些地方，为了与自然山水园林相协调，梯级道路不采用砖石材料砌筑成整齐的阶梯，而是采用顶面平整的自然山石，依山随势地砌成山石蹬道。山石材料可根据各地资源情况选择，砌筑用的结合材料可用石灰砂浆，也可用1:3 水泥砂浆，还可以采用山土垫平塞缝，并用片石刹垫稳当。踏步石踏面的宽窄允许有些不同，可在30～50cm 之间变动。踏面高度还是应统一起来，一般采用12～20cm。设置山石蹬道的地方本身就是供登攀的，所以踏面高度大于砖石阶梯。

（4）攀岩天梯梯道　这种梯道是在山地风景区或园林假山上最陡的崖壁处设置的攀登通道。一般是从下至上在崖壁凿出一道道横槽作为梯步，如同天梯一样。梯道旁必须设置铁链或钢管矮栏并固定于崖壁壁面，作为登攀时的扶手。

园林道路的路面装饰与美化，比一般城市道路要求更高一些。由于多数园路不通车，其路面的强度要求和整体性要求则大大低于城市街道。因此，就可以采用更多的材料、更多的修筑形式来装饰和美化园路。路面的装饰和美化，主要在园路的铺装设计中完成。

3. 台阶施工要点

台阶是常用的园路变式之一，具有施工容易、应用广泛、可改变地面形式和行进的方向等优点，在施工设计中应注意以下几点。

1）通常，室外台阶设计，如果降低踢板高度，加宽踏板，可提高台阶舒适性。

2）踢板高度（h）与踏板宽度（b）的关系是：$2h + b = 60 \sim 65$cm。

例如，假设踏板宽度定为30cm，则踢板高为15cm 左右，若踏板宽增至40cm，则踢板高降到12cm 左右。通常踢板高在13cm 左右，踏板宽在35cm 左右的台阶，攀登起来较为容易、舒适。

3）若踢板高度设在10cm 以下，行人上下台阶易磕绊，比较危险。因此，应当提高台阶上、下两端路面的排水坡度，调整地势，或者取消台阶，或者将踢板高度设在10cm 以上。也可以考虑做成坡道。

4）如果台阶长度超过3m，或是需要改变攀登方向，为安全应在中间设置一个休息平台。通常平台的深度为1.5m 左右。

5）踏板应设置1%左右的排水坡度。

6）踏面应做防滑饰面，天然石台阶不要做细磨饰面。

7）落差大的台阶，为避免降雨时雨水自台阶上瀑布般跌落，应在台阶两端设置排水沟。

8）台阶的特殊处理。

① 如踢板高在15cm 左右，踏板宽在35cm 以上，则台阶宽度应定为90cm 以上，踢进为3cm 以下。

② 踏面特别需要做防滑处理。

③ 为方便上、下台阶，在台阶两侧或中间设置扶栏。扶栏的标准高度为80cm，一般在距台阶的起、终点约30cm 处做连续设置。

9）台阶附近的照明应保证一定照度。

4. 园桥的结构形式

园桥是园林工程建设中连接山、水两地的主要方式，也是园路的变式之一。园桥的结构形式随其主要建筑材料而有所不同。例如，钢筋混凝土园桥和木桥的结构常用板梁柱式，石桥常用悬臂梁式或拱券式，铁桥常采用桁架式，吊桥常用悬索式等，都说明建筑材料与桥的结构形式是紧密相关的。下面，分别了解一下几种园桥结构形式。

（1）板梁柱式　它以桥柱或桥墩支承桥体重量，以直梁按简支梁方式两端搭在桥柱上，梁上铺设桥板作桥面。在桥孔跨度不太大的情况下，也可不用桥梁，直接将桥板两端搭在桥墩上，铺成桥面。桥梁、桥面板一般用钢筋混凝土预制或现浇；如果跨度较小，也可用石梁和石板。

（2）悬臂梁式　它是桥梁从桥孔两端向中间悬挑伸出，在悬挑的梁头再盖上短梁或桥板，连成完整的桥孔。这种方式可以增大桥孔的跨度，以方便桥下行船。石桥和钢筋混凝土桥都可能采用悬臂梁式结构。

（3）拱券式　它的桥孔由砖石材料拱券而成，桥体重量通过圆拱传递到桥墩。单孔桥的桥面一般也是拱形，所以它基本上都属于拱桥。三孔以上的拱券式桥，其桥面多数做成平整的路面形式，但也常有把桥顶做成半径很大的微拱形桥面的。

（4）桁架式　它用钢制桁架作为桥体。桥体杆件多为受拉或受压的轴力构件，这种杆件取代了弯矩产生的条件，使构件的受力特性得以充分发挥。杆件的节点多为铰接。

（5）悬索式　它是一般索桥的结构方式。它以粗长的悬索固定在桥的两头，底面有若干根钢索排成一个平面，其上铺设桥板作为桥面；两侧各有一至数根钢索从上到下竖向排列，并由许多下垂的钢绳相互串联一起，下垂钢绳的下端则吊起桥板。

除以上情况之外，园桥可能还有其他一些不太常用的结构方式；在以后的施工工作中，要注意发现和使用。

5. 栈道的结构

栈道多在特殊可利用山、水界边的陡峭地形上设立，其变化多样，既是景观又可完成园路的功能。栈道路面宽度的确定与栈道的类别有关。采用立柱式栈道的，路面设计宽度可为1.5~2.5m；斜撑式栈道宽度可为1.2~2.0m；插梁式栈道不能太宽，0.9~1.8m比较合适。

（1）立柱与斜撑柱　立柱用石柱或钢筋混凝土柱，断面尺寸可取180mm×180mm~250mm×250mm，柱高一般不超过柱径的15倍。斜撑柱的断面尺寸比立柱稍小，可在150mm×150mm~200mm×20mm之间；斜撑柱上端应预留筋头与横梁梁头相焊接，下端应插入陡坡坡面或山壁壁面。立柱和斜撑柱都用C20混凝土浇制。

（2）横梁　横梁的长度应是栈道路面宽度的1.2~1.3倍，梁的一端应插入山壁或坡面的石孔并稳实地固定下来。插梁式栈道的横梁插入山壁部分的长度，应为梁长的1/4左右。横梁的截面为矩形，宽高的尺寸可为120mm×180mm~180mm×250mm。横梁也用C20混凝土浇制，梁一端的下面应有预埋铁件与立柱或斜撑柱焊接。

（3）桥面板　桥面板可用石板或钢筋混凝土板铺设。铺石板时，要求横梁间距比较小，一般不大于1.8m。石板厚度应在80mm以上。钢筋混凝土板可用预制空心板或实心板。空心板可按产品规格直接选用。实心钢筋混凝土板常设计为6cm、8cm、10cm厚，混凝土强度等级可用C15～C20。栈道路面可以用1:2.5水泥砂浆抹面处理。

（4）护栏　立柱式栈道和部分斜撑式栈道可以在路面外缘设立护栏。护栏最好用直径25mm以上的镀锌钢管焊接制作；也可做成石护栏或钢筋混凝土护栏。做石护栏或钢筋混凝土护栏时，望柱、栏板的高度可分别为900mm和700mm。望柱截面尺寸可为120mm×120mm或150mm×150mm，栏板厚度可为50mm。

6. 汀步施工要点

汀步常见的有板式汀步、荷叶汀步和仿树桩汀步等，其施工因形式不同而异。

（1）板式汀步　板式汀步的铺砌板，平面形状可为长方形、正方形、圆形、梯形、三角形等。梯形和三角形铺砌板主要是用来相互组合，组成板面形状有变化的规则式汀步路面。铺砌板宽度和长度可根据设计确定，其厚度常设计为80～120mm。板面可以用彩色水磨石来装饰，不同颜色的彩色水磨石铺路板能够铺装成美观的彩色路面。也有用木板做板式汀步的，如褒河汀步就是其代表。

（2）荷叶汀步　它的步石由圆形面板、支承墩（柱）和基础三部分构成。圆形面板应设计2～4种尺寸规格，如直径为450mm、600mm、750mm、900mm等。采用C20细石混凝土预制面板，面板顶面可仿荷叶进行抹面装饰。抹面材料用白色水泥加绿色颜料调成浅果绿色，再加绿色细石子，按水磨石工艺抹面。抹面前要先用铜条嵌成荷叶叶脉状，抹面完成后一并磨平。为了防滑，顶面一定不能磨得很光。荷叶汀步的支柱，可用混凝土柱，也可用石柱，其设计按一般矮柱处理。基础应牢固，至少要埋深300mm；其底面直径不得小于汀步面板直径的2/3。荷叶汀步如图5-1所示。

（3）仿树桩汀步　它的施工要点是用水泥砂浆砌砖石做成树桩的基本形状，表面再用1:2.5或1:3有色水泥砂浆抹面并塑造树根与树皮形象。树桩顶面仿锯截状做成平整面，用仿本色的水泥砂浆抹面；待抹面层稍硬时，用刻刀刻画出一圈圈年轮环纹；清扫干净后，再调制深褐色水泥浆，抹进刻纹中；抹面层完全硬化之后，打磨平整，使年轮纹显现出来。仿树桩汀步如图5-2所示。

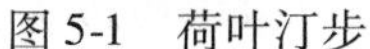

图5-1　荷叶汀步

图5-2　仿树桩汀步

二、园路路口施工要求

1. 实际案例展示

2. 路口施工的基本要求

从规则式园路系统和自然式园路系统的相互比较情况看来，规则式园路系统中十字路口比较多，而自然式园路系统中则以三岔路口为主。

（1）尽量减少相交道路的条数　在自然式系统中过多采用十字路口，将会降低园路的导游特性，有时甚至能造成游览路线的紊乱，严重影响游览活动。就是在规则式园路中，从加强导游性来考虑，路口设置也应少一些十字路口，多一些三岔路口。在路口处，要尽量减少相交道路的条数，避免因路口过于集中，而造成游人在路口处犹疑不决，无所适从的现象。

（2）尽量采取正相交方式　道路相交时，除山地陡坡地形之外，一般均应尽量采取正相交方式。斜相交时，斜交角度如呈锐角，其角度也要尽量不小于60°，锐角部分还应采用足够的转弯半径，设计为圆形的转角。路口处形成的道路转角，如属于阴角，可保持直角状态；如属于阳角，则应设计为斜边或改成圆角。

（3）具有中央花坛的路口按照规则式进行　园路交叉口中央设计有花坛、花台时，各条道路都要以其中心线与花坛的轴心相对，不要与花坛边线相切。路口的平面形状，应与中心花坛的形状相似或相适应。具有中央花坛的路口，都应按照规则式地形进行设计。

（4）路口考虑安全视距　通车园路和城市绿化街道的路口，要注意车辆通行的安全，避免交通冲突。在路口设计或路口的绿化设计中，要按照路口视距三角形关系，留足安全视距。由两条相交园路的停车视距作为直角的边长，在路口处所形成的三角形区域，即视距三角形。在此三角形内，不得有阻碍驾驶人员视线的障碍物存在。

3. 园路与建筑物的交接

在园路与建筑物的交接处，常常能形成路口。从园路与建筑相互交接的实际情况来看，一般都是在建筑近旁设置一块较小的缓冲场地，园路则通过这块场地与建筑相交接。多数情况下都应这样处理，但一些起过道作用的建筑，如路亭、游廊等，也常常不设缓冲小场地。根据对园路和建筑相互关系的处理和实际工程设计中的经验，可以采用以下几种方式来处理二者之间的交接关系。

（1）平行交接　建筑的长边与园路中心线相平行，园路与建筑的交接关系是相互平行的关系。其具体的交接方式还可分为平顺型的和弯道型的两种。

（2）正对交接　园路中心线与建筑长轴相垂直，并正对建筑的正中部位，与建筑相交接。根据正对交接形成路口的情况，这种交接方式还可以有十字形正交、丁字形正交、通道式正交和尽端式正交等四种具体处理方式。

（3）侧对交接　园路中心线与建筑长轴相垂直，并从建筑正面的一侧相交接；或者，园路从建筑的侧面与其交接，这些都属于侧对交接。因此，侧对交接也有正面侧交和侧面相交两种处理情况。

实际处理园路与建筑的交接关系时，一般都应尽量避免以斜路相交，特别是正对建筑某一角的斜交，冲突感很强，一定要加以改变。对不得不斜交的园路，要在交接处设一段短的直路作为过渡，或者将交接处形成的锐角改为圆角。应当避免园路与建筑斜交。

4. 园路与园林场地的交接

园路与园林场地的交接主要受场地设计形式的制约。

（1）与规则式场地的交接　园路与规则式场地的交接方式就和园路与建筑物交接时相似，即可有平行交接、正对交接和侧对交接等。对于圆形、椭圆形场地，园路在交接中要注意以中心线对着场地轴心（即圆心）进行交接，而不要随意与圆弧相切交接。这就是说，在圆形场地的交接应当是严格地规则对称的；因为圆形场地本身就是一种多轴对称的规则形。

（2）与自然式场地的交接　若是与不规则的自然式场地相交接，园路的接入方向和接入位置就没有多少限制了。只要不过多影响园路的通行、游览功能和场地的使用功能，则采取何种交接方式完全可依据设计而定。以自然式场地交接情况为例，园路若从场地正中接入，则使路口左右两侧的场地都被挤压缩小，对场地本身的使用就会有很大的影响；若从场地一侧接入园路，则场地另一侧保留的面积比较大，场地功能所受的影响就比较小了。

三、路面铺装

1. 实际案例展示

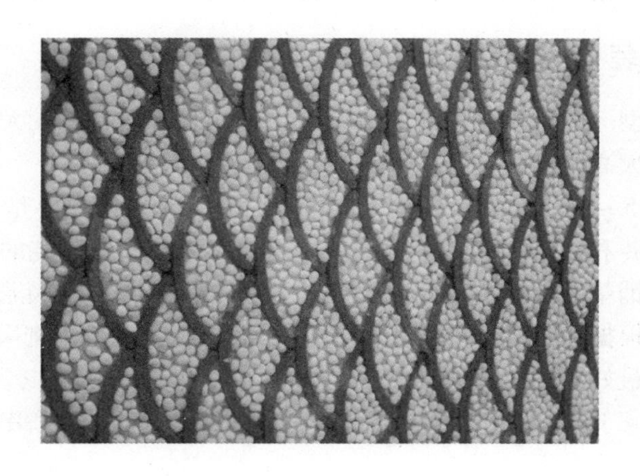

2. 整体现浇铺装

整体现浇铺装的路面适宜在风景区通车干道、公园主园路、次园路或一些附属道路上采用。采用这种铺装的路面，主要是沥青混凝土路面和水泥混凝土路面。

（1）沥青混凝土路面　沥青混凝土路面用60～100mm厚泥结碎石做基层，以30～50mm厚沥青混凝土做面层。根据沥青混凝土的骨料粒径大小，有细粒式、中粒式和粗粒式沥青混凝土可供选用。这种路面属于黑色路面，一般不用其他方法来对路面进行装饰处理。

（2）水泥混凝土路面　水泥混凝土路面的基层做法，可用80～120mm厚碎石层，或用150～120mm厚大块石层，在基层上面可用30～50mm粗砂做间层。面层则一般采用C20混凝土，做120～160mm厚。路面每隔10m设伸缩缝一道。对路面的装饰，主要是采取各种表面抹灰处理。抹灰装饰的方法有以下几种。

1）普通抹灰。是用水泥砂浆在路面表层做保护装饰层或磨耗层。水泥砂浆可采用1:2或1:2.5比例，常以粗砂配制。

2）彩色水泥抹灰。在水泥中加各种颜料，配制成彩色水泥，对路面进行抹灰，可做出彩色水泥路面。

3）水磨石饰面。水磨石路面是一种比较高级的装饰型路面，有普通水磨石和彩色水磨石两种做法。水磨石面层的厚度一般为10～20mm。是用水泥和彩色细石子调制成水泥石子浆，铺好面层后打磨光滑。

4）露骨料饰面。一些园路的边带或作障碍性铺装的路面，常采用混凝土露骨料方法饰面，做成装饰性边带。这种路面立体感较强，能够和其旁的平整路面形成鲜明的质感对比。

3. 片材贴面铺装

这种路面铺装类型一般用在小游园、庭园、屋顶花园等面积不太大的地方。若铺装面积过大，路面造价将会太高，经济上常不能允许。

片材是指厚度在5～20mm的装饰性铺地材料，常用的片材主要是花岗石、大理石、釉面墙地砖、陶瓷广场砖和陶瓷锦砖等。这类铺地一般都是在整体现浇的水泥混凝土路面上采用。在混凝土面层上铺垫一层水泥砂浆，起路面找平和结合作用。水泥砂浆结合层的设计厚度为10～25mm，可根据片材具体厚度而确定；水泥与砂的配合比例采用1:2。用片材贴面装饰的路面，其边缘最好要设置道牙石，以使路边更加整齐和规范。

（1）花岗石铺地　这是一种高级的装饰性地面铺装。花岗石可采用红色、青色、灰绿色等多种，要先加工成正方形、长方形的薄片状，才用来铺贴地面。其加工的规格大小可根据设计而定，一般采取 500mm × 500mm、700mm × 500mm、700mm × 700mm、600mm × 900mm 等尺寸。大理石铺地与花岗石相同。

（2）石片碎拼铺地　大理石、花岗石的碎片，价格较便宜，用来铺地很划算，既装饰了路面，又可减少铺路经费。形状不规则的石片在地面上铺贴出的纹理，多数是冰裂纹，使路面显得比较别致。

（3）釉面墙地砖铺地　釉面墙地砖有丰富的颜色和表面图案，尺寸规格也很多，在铺地设计中选择余地很大。其商品规格主要有：100mm×200mm、300mm×300mm、400mm×400mm、400mm×500mm、500mm×500mm 等多种。

（4）陶瓷广场砖铺地　广场砖多为陶瓷或琉璃质地，产品基本规格是 100mm×100mm，略呈扇形，可以在路面组合成直线的矩形图案，也可以组合成圆形图案。广场砖比釉面墙地砖厚一些，其铺装路面的强度也大一些，装饰路面的效果比较好。

（5）陶瓷锦砖铺地　庭园内的局部路面还可用陶瓷锦砖铺地。陶瓷锦砖色彩丰富，容易组合地面图纹，装饰效果较好；但铺在路面较易脱落，不适宜人流较多的道路铺装，所以目前采用陶瓷锦砖装饰路面的并不多见。

4. 板材砌块铺装

板材砌块铺装用整形的板材、方砖、预制的混凝土砌块铺在路面上作为道路结构面层的。这类铺地适用于一般的散步游览道、草坪路、岸边小路和城市游憩林荫道、街道上的人行道等。

（1）板材铺地　打凿整形的石板和预制的混凝土板，都能用作路面的结构面层。这些板材常用在园路游览道的中带上，作路面的主体部分；也常用作较小场地的铺地材料。

1）石板。一般被加工成 497mm×497mm×50mm、697mm×497mm×60mm、997mm×697mm×70mm 等规格，其下直接铺 30～50mm 的砂土作找平的垫层，可不做基层；或者，以砂土层作为间层，在其下设置 80～100mm 厚的碎（砾）石层作基层。石板下不用砂土垫层，而用 1:3 水泥砂浆或 4:6 石灰砂浆做结合层，可以保证面层更坚固和稳定。

2）混凝土方砖。正方形，常见规格有 297mm×297mm×60mm、397mm×397mm×60mm 等，表面经翻模加工为方格纹或其他图纹，用 30mm 厚细砂土做找平垫层铺砌。

3）预制混凝土板。其规格尺寸按照具体设计而定，常见有 497mm×497mm、697mm×697mm 等规格，铺砌方法同石板一样。不加钢筋的混凝土板，其厚度不要小于 80mm。加钢筋的混凝土板，最小厚度可仅 60mm，所加钢筋一般用直径 6～8mm 的，间距 200～250mm，双向布筋。预制混凝土铺砌板的顶面，常加工成光面、彩色水磨石面或露骨料面。

（2）黏土砖墁地　用于铺地的黏土砖规格很多，有方砖，也有长方砖。方砖及其设计参考尺寸有：尺二方砖，400mm×400mm×60mm；尺四方砖，470mm×470mm×60mm；足尺七方砖，570mm×570mm×60mm；二尺方砖，640mm×640mm×96mm；二尺四方砖，768mm×768mm×144mm。长方砖有：大城砖，480mm×240mm×130mm；二城砖，440mm×220mm×110mm；地趴砖，420mm×210mm×85mm；机制标准青砖，240mm×120mm×60mm。砖墁地时，用 30～50mm 厚细砂土或 3:7 灰土做找平垫层。方砖墁地一般采取平铺方式，有错缝平铺和顺缝平铺两种做法。铺地的砖纹，在古代建筑庭园中有多种样式。长方砖铺地则既可平铺，也可仄立铺装，铺地砖纹也有多种样式。在古代，工艺精良的方砖价格昂贵，用于高等级建筑室内铺地，特别被称为“金砖墁地”。庭院地面满铺青砖的做法，则称为“海墁地面”。

（3）预制砌块铺地　用凿打整形的石块，或用预制的混凝土砌块铺地，也是作为园路结构面层使用的。混凝土砌块可设计为各种形状、各种颜色和各种规格尺寸，还可以相互组合成路面的不同图纹和不同装饰色块，是目前城市街道人行道及广场铺地的最常见材料之一。

（4）预制道牙铺装　道牙铺装在道路边缘，起保护路面作用，有用石材凿打整形为长条形的，也有按设计用混凝土预制的。

5. 砌块嵌草铺装

砌块嵌草铺装是用预制混凝土砌块和草皮相间铺装路面。它能够很好地透水透气；绿色草皮呈点状或线状有规律地分布，在路面形成好看的绿色纹理，美化了路面。这种具有鲜明生态特点的路面铺装形式，现在已越来越受到人们的欢迎。

（1）适用范围　采用砌块嵌草铺装的路面，主要用在人流量不太大的公园散步道、小游园道路、草坪道路或庭院内道路等处，一些铺装场地如停车场等，也可采用这种路面。

（2）砌块形状　预制混凝土砌块按照设计可有多种形状，大小规格也有很多种，也可做成各种彩色的砌块。但其厚度都不小于 80mm，一般厚度都设计为 100 ~ 150mm。砌块的形状基本可分为实心的和空心的两类。

（3）道牙设置　由于砌块是在相互分离状态下构成路面，使得路面特别是在边缘部分容易发生歪斜、散落。因此，在砌块嵌草路面的边缘，最好要设置道牙加以规范和对路面起保护作用。另外，也可用板材铺砌作为边带，使整个路面更加稳定，不易损坏。

6. 砖石镶嵌铺装

它是指用砖、石子、瓦片、碗片等材料，通过镶嵌的方法，将园路的结构面层做成具有美丽图案纹样的路面的方法。这种做法在古代被称为“花街铺地”。采用花街铺地方法铺装的路面，其装饰性很强，趣味浓郁；但铺装中费时费工，造价较高，而且路面也不便行走。因此，只在人流不多的庭院道路和一部分园林游览道上，才采用这种铺装形式。镶嵌铺装中，一般用立砖、小青瓦瓦片来镶嵌出线条纹样，并组合成基本的图案。再用各色卵石、砾石镶嵌作为色块，填充图形大面，并进一步修饰铺地图案，十分美观。我国古代花街铺地的传统图案纹样种类颇多，有几何纹、太阳纹、卷草纹、莲花纹、蝴蝶纹、云龙纹、涡纹、宝珠纹、如意纹、席字纹、回字纹、寿字纹等。还有镶嵌出人物事件图像的铺地，如奇兽葡萄图、八仙过海图、松鹤延年图、桃园三结义图、赵颜求寿图、凤戏牡丹图、牧童图、十美图等。

除了路面铺装以外，园路路口的设计安排对园林景观也有较大的影响，并对园路功能的完善起着一定制约作用。因此，应进一步探究和了解园林路口的设计方法和设计基本要求。